地底大探險

作　　者｜珍·普萊斯（Jane Price）

繪　　者｜詹姆士·格列佛·考克（James Gulliver Hancock）

譯　　者｜黃書英

副 主 編｜宋宜真

審　　定｜林思民、陳文山、黃恩宇、蔡明灑、鄭建文、謝迺岳

編輯協力｜彭維昭

行銷企畫｜陳詩韻

總 編 輯｜賴淑玲

全書設計｜黃裴文

社　　長｜郭重興

發行人兼出版總監｜曾大福

出 版 者｜大家出版

發　　行｜遠足文化事業股份有限公司

　　　　　231 新北市新店區民權路108-2號9樓

　　　　　電話 (02)2218-1417　傳真 (02)8667-1851

劃撥帳號｜19504465 戶名 遠足文化事業有限公司

法律顧問｜華洋法律事務所 蘇文生律師

ISBN 978-986-92961-5-1

定價 600元

初版二刷 2017年3月

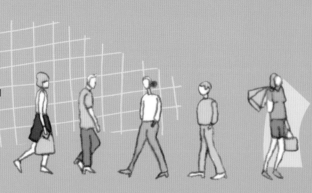

First published in the United Kingdom by Weldon Owen.

Ground Floor, 10 Northburgh Street, London, UK EC1V 0AT

weldonowenpublishing.com

Original edition published in English under the titles of: Underworld

國家圖書館出版品預行編目 CIP 資料

地底大探險/珍.普萊斯 (Jane Price) 作, 詹姆士.格列
佛.考克 (James Gulliver Hancock) 繪；黃書英譯. --
初版. -- 新北市: 大家出版：遠足文化發行, 2016.09
　面；　公分
譯自：Underworld: Exploring the Secret World
Beneath Your Feet
ISBN 978-986-92961-5-1 (精裝)

1.科學 2.通俗作品

307.9　　　　　　　　　　　　　　105012952

地底大探險

WRITTEN BY JANE PRICE

作者：珍·普萊斯

ILLUSTRATED BY JAMES GULLIVER HANCOCK

繪者：詹姆士·格列佛·考克

翻譯：黃書英

審訂：林思民、陳文山、
黃思宇、蔡明澧、
鄭建文、謝迺岳

目錄

我準備好了，可以進入地底了！

第 1 章 地表下的世界

火山運動與地殼中的化石

褶曲山脈

山崩

板塊移動時，
海底地殼斷裂，
因此發生地震！

兩個板塊
互相推擠

地殼裡的化石

海洋地殼

兩個板塊
互相分離

地函

沸騰的岩漿
（液態岩石）

地殼不是一片完整連續的地層，而是像拼圖一樣由大大小小的板塊拼湊起來的。這些板塊會互相推移摩擦、造成地震，並將陸地往上推擠成山脈。

火山灰及氣雲

火山

海底地震引起的海嘯

熔岩流

岩石裂縫

海洋

大陸地殼

一個板塊往旁邊板塊的上方處推擠

火成岩

恐龍化石

變質岩

岩漿庫

沉積岩

菊石

從地心噴出的熔融岩漿

地心之旅

假如你能挖一條地道，通往地球中心，你會經過四種不同地層，旅途又熱又漫長。（俄國人就這麼試過，不過沒挖多遠，鑽頭就已經熱到熔化了。）我們居住的地表是一層薄薄的「地殼」，地殼下方是滾燙的液態岩石和氣體，稱為「地函」。再往下一層是沸騰的熔鐵，稱為「外核」。地球最中心稱為「內核」。科學家認為，內核是一顆實心球，由鐵和鎳構成，直徑長達2500公里，就像一顆巨無霸金屬保齡球，而且就像太陽表面那麼熱。

歲月流轉，積沙成石

整個地球是由礦物構成的，不同礦物再結合成各類岩石。假如岩石有個性的話，岩石可以依照個性分為三大類。

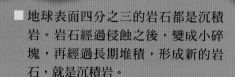

■ 地球表面四分之三的岩石都是沉積岩。岩石經過侵蝕之後，變成小碎塊，再經過長期堆積，形成新的岩石，就是沉積岩。

■ 火成岩是爆烈的岩石。地殼下方滾燙的液態岩石（也就是岩漿），在噴發出地面後冷卻凝固，便形成火成岩。花崗岩和浮石就是很好的例子。

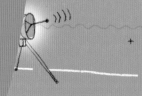

■ 千萬別相信變質岩，因為這些傢伙個性很善變！變質岩曾經是沉積岩或火成岩，但受到地殼中的高溫和壓力影響，變成了另外一種岩石。大理石就是石灰岩經過高溫高壓後變質而成。我們經常在大理石當中看到的紋路，就是由不同的礦物質構成的。

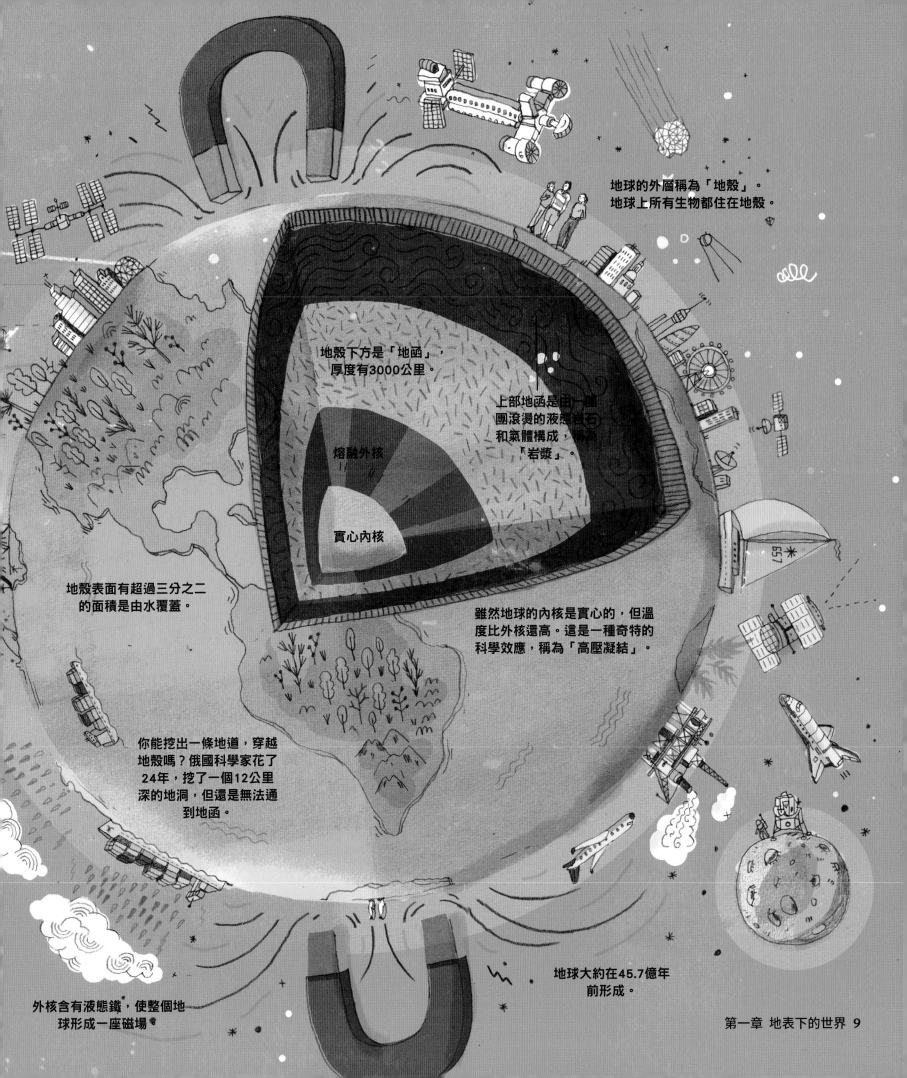

地球的外層稱為「地殼」。
地球上所有生物都住在地殼。

地殼下方是「地函」，
厚度有3000公里。

上部地函是由一
團滾燙的液態岩石
和氣體構成，稱為
「岩漿」。

熔融外核

實心內核

地殼表面有超過三分之二
的面積是由水覆蓋。

雖然地球的內核是實心的，但溫
度比外核還高。這是一種奇特的
科學效應，稱為「高壓凝結」。

你能挖出一條地道，穿越
地殼嗎？俄國科學家花了
24年，挖了一個12公里
深的地洞，但還是無法通
到地函。

地球大約在45.7億年
前形成。

外核含有液態鐵，使整個地
球形成一座磁場。

1 錐狀火山：
熔岩噴發到空中，冷卻後形成熔岩塊，降落在火山口，堆積成錐形山丘。所以，這種火山每噴發一次就會增高一點。

2 盾狀火山：
火山學家認為，這種火山的形狀看起來像是戰士的盾牌（或是戰士的三明治？）。由於這種火山的熔岩是往四面八方漫流，因此外形寬扁，坡度平緩。

火山是什麼？

火山就像是地球的皮膚爆出一顆巨無霸痘痘。由於地函中沸騰的岩漿不斷想向上湧，時間一久，便沿著地殼的裂縫從地表爆出。噴發出的岩漿稱為熔岩，熔岩會噴向高空，凝固後形成熔岩塊，或是往火山四面八方流動，經過的一切事物都會遭到摧毀。熔岩流動的速度相當慢，所以你還有時間穿上球鞋逃跑。

■ 地球上有超過1500座活火山。火山噴發可分為「爆發式噴發」或「溢流式噴發」。爆發式噴發會把岩石和熔岩噴射到高空，溢流式噴發則是把流動緩慢的熔岩從岩石裂縫中擠壓出來。

■ 1883年5月，印尼克拉卡托火山爆發的聲音，是人類史上聲響最大的火山爆發，4800公里外的地方都能聽到。

消失的龐貝城

公元79年，維蘇威火山爆發，繁華的羅馬城市龐貝毀於一旦，城市居民在從天墜落的火山灰和有毒氣體中喪生，並被掩埋了1700年後才重見天日。

石化的龐貝城市民。

我沒想到會永遠停在挖鼻孔的這一刻。

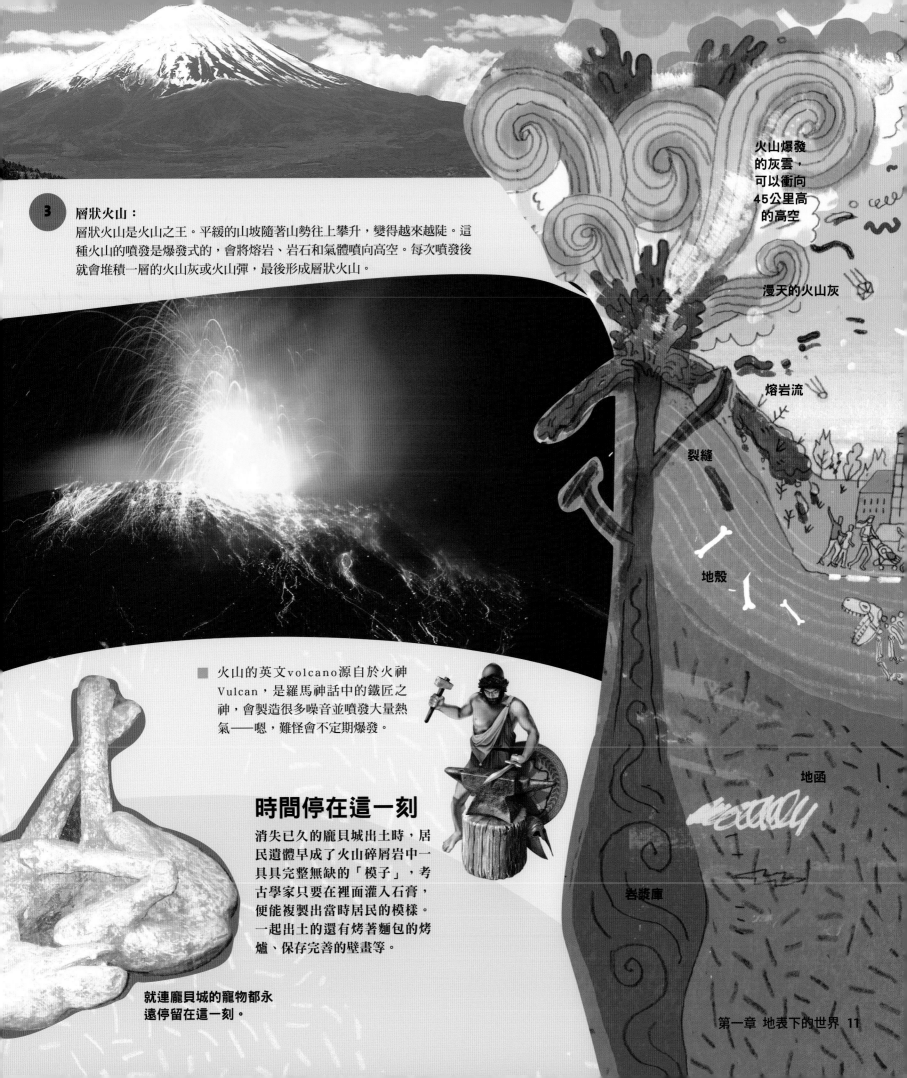

3 層狀火山：

層狀火山是火山之王。平緩的山坡隨著山勢往上攀升，變得越來越陡。這種火山的噴發是爆發式的，會將熔岩、岩石和氣體噴向高空。每次噴發後就會堆積一層的火山灰或火山彈，最後形成層狀火山。

火山爆發的灰雲，可以衝向45公里高的高空

漫天的火山灰

熔岩流

裂縫

地殼

地函

岩漿庫

■ 火山的英文volcano源自於火神Vulcan，是羅馬神話中的鐵匠之神，會製造很多噪音並噴發大量熱氣——嗯，難怪會不定期爆發。

時間停在這一刻

消失已久的龐貝城出土時，居民遺體早成了火山碎屑岩中一具完整無缺的「模子」，考古學家只要在裡面灌入石膏，便能複製出當時居民的模樣。一起出土的還有烤著麵包的烤爐、保存完善的壁畫等。

就連龐貝城的寵物都永遠停留在這一刻。

四翼小盜龍

我得不斷走動，才不會變成化石。

恐龍偵探

對古生物學家（恐龍專家）來說，地底就是一座寶庫。1824年，生物學家歸類出恐龍這個族群後，人們才終於知道過去在地底發現的奇怪石骨是什麼。從此之後，人們便開始熱衷於挖掘化石、發現新恐龍，並為恐龍命名。在1880年代的「恐龍骨爭奪戰」期間，美國有兩位古生物學家甚至會偷走或破壞對方發現的恐龍化石，因此名聲掃地。從那時候起，除了南極，地球上每塊大陸都挖出了恐龍化石。科學家推斷，恐龍是在2億3000萬年前出現，在6500萬年前消失。

化石的定義

動物或植物埋在地底後變成石頭，就是化石。不過，封在冰中的長毛象，或是困在琥珀中的昆蟲，也可以歸類為化石。

化石是怎麼形成的？

大部分化石是在潮濕的掩埋環境中形成。植物或動物遺體被泥漿等沉澱物覆蓋後，會慢慢硬化，變成岩石。

1 躺在湖底的恐龍遺體，肉身腐爛或被水中生物吃掉後，只剩下骨頭。

2 隨著時間流逝，骨頭被層層泥漿和淤泥掩埋，因此不會被水沖散。

3 淤泥變成岩石，恐龍遺骸被礦物質取代，於是成了一副完美的化石複製品。

4 幾百萬年後，在地球板塊的移動下，化石被推擠到地表，等著被挖掘出來。

霍格華茲龍王龍——2004年發現的恐龍化石,是以哈利波特的霍格華茲魔法學院命名的。

想像一下,若是在自家花圃裡發現一副頭骨,那會是什麼情形?這是我們目前發現最古老的人類頭骨,「露西」的頭骨,她是生活在320萬年前的人類。

巨人之謎

數千年來不斷有人挖出恐龍化石,但一直不知道那是什麼。中國人曾經以為那是龍骨,1676年也有位英國教授判斷,這麼大一副化石一定是「巨人的大腿骨」。

這幾隻不幸的蒼蠅在2000萬年前停在樹脂上時被黏住了。樹脂變成化石,形成琥珀,這群蒼蠅則永遠無法脫困。

菊石是古烏賊變成的化石,牠們生活在兩億多年前的海洋中,跟恐龍同時絕跡。

8000萬年前,這隻偷蛋龍媽媽在戈壁沙漠一場沙塵暴中遭到掩埋,她當時保護著自己的蛋,然後一起變成化石。

你怎麼知道我長得這麼好看?

古生物學家有時候會從一根細小的化石骨頭拼湊出完整的恐龍骨架,就像完成一幅巨大的拼圖。

溪流

伏流

石灰石

洞穴城市

灣穴

真穴

鐘乳石

石筍

溼洞

第 2 章

地下洞穴

結晶、洞窟和地下城

地殼的表面不是平滑的岩石鋪面，而是布滿了裂縫和地洞，我們稱之為洞穴。有些洞穴裡有奇形怪狀的岩石，這些岩石稱為「洞穴灰華」；有些洞穴留下的遺跡，可以讓我們探索人類的歷史。

乾洞

史前洞穴藝術

晶穴

石灰岩洞

水下洞穴

洞穴是怎麼形成的？

洞穴的大小不一，有的像淋浴間那麼小，有的長達好幾百公里。洞穴形成的過程是：土壤裡的植物腐爛並釋放出二氧化碳，接著雨水滲入土壤，再繼續滲入岩石。這時水會變成微酸，溶解岩石中的礦物質，於是形成裂縫、隧道和大洞穴。當然，洞穴不是一下子就形成的，而是經過數千甚至數百萬年才逐漸形成。

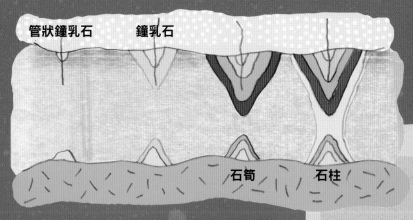

管狀鐘乳石　　鐘乳石

石筍　　石柱

抓緊了

鐘乳石是從洞穴頂部形成的，以平均每一百年2.5公分的速度增長。水沿著鐘乳石滴下，落到洞穴底部，會累積形成石筍。經過一段非常、非常長的時間後，鐘乳石和石筍會相接，形成石柱。

滴答滴答

在洞穴中會聽到連續不斷的滴水聲，那是因為酸水正在溶解岩石洞穴的頂部。水中所含的碳酸鈣硬化後，就會形成鐘乳石和石筍。

小心頭頂

假如洞穴頂部溶解太多，會變得非常薄，最後崩塌，洞穴就變成了「滲穴」。

上圖的洞穴灰華（堆積物）是由水滴中的礦物質形成。方解石等礦物質經水溶解後，在地底形成地洞，然後再度沉澱硬化，形成岩石。

左圖是熔岩洞穴。熾熱的熔岩從火山流出之後，外部冷卻和硬化，而裡面仍是液態，就像一顆水煮蛋。等液態的熔岩從裡面慢慢流出後，就變成一個中空的火山岩隧道。

右圖的冰川洞穴，是冰遇熱融化成水後造成的。溫度較高的水通過冰川內部後，便留下中空的隧道。

冰火交融
冰島的克韋爾克山脈是活火山，沸騰的熔岩會從冰川冒出來。一條滾燙的河水就這樣流過30公里長的冰洞。

藍美人
義大利藍洞的入口大到可以容納一艘划槳船。兩千年前，羅馬皇帝提貝里烏斯把藍洞當成他的私人游泳池。

你在看什麼？
這個「雙眼天然井」有兩個滲穴，都通往61公里長的水下洞穴。

男孩的洞窟歷險
1898年，16歲的吉姆·懷特在新墨西哥州發現了卡爾斯巴德洞窟。他只帶了煤油火炬和一團繩索來探險。

神奇的洞穴

想像一下，假如你鑽入一個地洞，結果發現底下是一片黑漆漆的迷宮地道，這時你要怎麼測量洞穴大小或是繪製洞穴地圖？洞穴學家擅長研究或探勘洞窟。自1546年以來，就有洞穴學家拿著火把進入地洞，用腳步測量距離，繪製地圖。現代洞穴學家就輕鬆多了，可以直接用電腦測量。

繩子抓緊了
阿曼的馬吉里斯爾金洞穴是世界上最大的洞穴之一，洞穴頂部的高度相當於一棟35層大樓，而進入洞穴的唯一方法是用繩索垂降。

喂！
可以拉我出去了。
……有人在嗎？

下沉的圓洞
南美薩里薩里尼亞馬滲穴位在委內瑞拉的偏遠地區，寬與深都是300公尺，洞壁雖然很陡，但洞底有稀有植物和動物。

世界之最

1　最龐大的洞穴系統！
美國肯塔基州的猛獁洞穴，因為洞穴規模龐大，因此取名「猛獁」（有龐大的意思）。這是世界最長的洞穴系統，總長628公里，其中有些洞穴已經有一億年歷史。

2　最深的洞穴！
美國喬治亞州的庫魯伯亞拉洞穴是世界最深的天然洞穴，而且還在不斷加深。第一批探險家在2001年測量出地洞的深度約有1710公尺。2004年時，測量到的深度是2000公尺。到了2007年，深度更達2191公尺。但其實不是深度在增加，而是探險家不斷發現新的地道。

3　最大的石筍！
中歐斯洛伐克的克拉斯諾赫斯卡洞穴，擁有目前世上最大的石筍，12公尺寬、33公尺高，而且仍以非常、非常緩慢的速度，不斷往上增長。

4　最大的單一洞窟！
世上最大的單一洞穴是馬來西亞的砂勞越洞窟，由三位研究洞窟的英國人在1981年發現的。砂勞越洞窟長700公尺，寬450公尺，高150公尺，破了世界紀錄，比前任的世界紀錄維持者，也就是美國新墨西哥州卡爾斯巴德洞窟的「大房間」，還要大上兩倍。

5　最長的水下洞穴
世界上最長的水下洞穴系統，是墨西哥的「三水路洞穴」，總長233公里。全世界最長的三個水下洞穴系統都在墨西哥。

巨人的結晶洞

2000年4月，墨西哥有兩名銀礦工人在300公尺深的地底工作，開挖新隧道。他們在石灰岩中發現一個洞穴，好奇之下便鑽了進去，結果才發現，他們就像爬進了巨人的珠寶盒。那是個巨大而潮濕的洞穴，裡面充滿了結晶，大小跟樹幹差不多。這些閃閃發光的亞硒酸鹽板是人類所發現的最大型結晶。科學家估計，這些結晶已經有60萬年歷史，由於洞穴裡又濕又熱，才長得如此巨大。不過礦業公司不知道這件事，已將水分抽乾。

■ 洞穴附近有岩漿庫，洞內空氣異常悶熱，進入洞穴要穿上防護衣、戴上氧氣罩，否則肺部會在15分鐘內灼傷。

太亂來了

剛發現這座結晶洞穴時，有幾名礦工看到這麼龐大的結晶，太過興奮，就想把結晶帶回家。礦業公司於是在洞穴入口設置了厚重的金屬門，並將門鎖上。但有一名礦工偷偷從另一個小洞口鑽進去偷結晶，還用塑膠袋裝了滿滿的冷空氣供自己呼吸。不過，冷空氣袋顯然沒什麼用，隔天發現他時，他已經烤成人乾了。

晶瑩剔透

結晶或晶體的英文「crystal」源自希臘文「kryos」，意思是「冰冷」。希臘人過去以為，透明的結晶是冰凍而成的，而且堅固到無法融化。地球是由岩石構成的，而岩石是由礦物構成，礦物則是由結晶體構成。至於結晶體，則是地球內部的液態物質冷卻硬化後形成。溫度和壓力會影響礦物原子一層層疊上去的排列方式。若每一層的邊緣和表面都是平行排列，形成的結晶體是最珍貴的。假如化學和數學世界要舉辦選美大賽的話，這樣的結晶體一定是冠軍。

該上工了

結晶能做的事非常多，忙到沒時間休息。有的化身為微小矽晶片，裝配在電腦和提款卡裡。裝在手錶中的石英，每秒鐘可以振動三萬多次。此外，數千年來人們相信，結晶的能量可以治療疾病。

洞穴城市

假如有人在追你，你要找個地方躲起來，你會躲到哪裡？沒錯，就是躲到地底。土耳其的卡帕多細亞有許多在鬆軟火山岩石下挖出來的地下城，早期基督徒就是躲在裡面逃避羅馬軍隊的追捕。這些地底洞穴其實早就已經建成，基督徒只是將洞穴整修後再搬進去。地面上有奇特的石尖塔，稱為「精靈煙囪」，裡面也是中空的，這讓地下城市看起來更像個家。基督徒聽到敵方的馬蹄聲時，就會趕緊躲入地洞。

鳥舍

祕密教堂

好深的地下城

卡帕多細亞有200座地下城，最大的一座有11層樓，都在地底。曾有超過三萬人住在裡面。地下城有通風孔、水井、食品店、住家、釀酒廠、榨油機、馬廄、教堂、食堂，還有一所學校。要前往遠處的其他地下城之前，要先經過又長又暗的通道。

會滾動的石門
這個重達250公斤的圓石其實是座門，可以滾動封住洞口，遭到攻擊時也可以用來封鎖地下城的任何一個樓層。由於通道狹窄，因此羅馬軍隊無法成群結隊作戰。

把燈打開
火把的黑煙把地下通道熏得黑黑的，但有些通道設有天井，可以將陽光引進較低樓層的房間。

繼續禱告
基督徒因為宗教信仰而受到迫害，他們在卡帕多細亞的地下城蓋了六百多間祕密教堂。接招吧，羅馬人！

愛鳥人士
地下城裡可以看到成千上萬個舒適的鳥舍。卡帕多細亞人應該很喜愛鴿子。鴿子除了可以烤來當晚餐，鴿子糞便還可以拿來當農作物的肥料。

地下畫廊

1940年9月，四名青少年在法國蒙提涅克小鎮尋找他們的狗，無意間發現了地底的拉斯科洞窟。他們拿了火把返回洞窟，發現了1萬7000年前的畫廊。這些畫作是舊石器時代的人類在數百年間畫成的。

偉大的室內設計？

舊石器時代的人類並不是為了增加住處的設計感而在洞穴壁面作畫。這些畫作深藏在狹窄黑暗的通道裡，他們必須用嘴巴含著湯匙狀的石製小火把，上面燒著動物脂肪，緩緩爬進洞穴。

公牛廳
入口處附近有亮白色的牆壁，是理想的畫布。上面繪有公牛，其中一隻長5.2公尺，是人類發現的最大石窟藝術動物。

太多喜歡藝術的人

舊石器時代的藝術家用洞窟附近地面撿到的紅色和黃色赭石，以及黑色錳礦來作畫。1948年，洞窟裡安裝了電燈，平均每年有十萬名遊客造訪參觀。結果壁畫很快就褪色，牆壁也開始長出水藻。洞窟在1963年關閉，不過，為了讓遊客觀賞，已經在同一座山上複製出一模一樣的壁畫。這項在另一個洞穴複製壁畫的工作，花了十年才完成。

公牛廳裡除了繪有公牛，還有馬和雄鹿。

洞窟裡繪有兩千多隻動物，最多的是馬，有半數以上，接下來依序是雄鹿、原牛（已經絕種500年的大型野牛）、原羊和野牛。

下圖描繪的是正在游泳的鹿群，只畫出鹿頭和鹿角。當時的畫家想必是把岩石的黑色部分當作水，讓鹿浮在水面。

彩繪畫廊
這裡的天花板繪有紅乳牛、大黑公牛、墜落中的牛，還有中國水墨畫風格的馬。

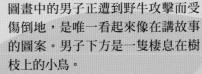

通道
連接了「公牛廳」和「死人直穴」。考古學家先探查到這個直穴，他們以為順著直穴會找到墓穴，結果沒有。

貓科動物室
牆壁上繪有幾隻牛和貓科動物，而且這些肉食性動物的壁畫都藏在洞穴最黑暗、最深處的角落，跟現實生活中的肉食性動物一樣。

圖畫中的男子正遭到野牛攻擊而受傷倒地，是唯一看起來像在講故事的圖案。男子下方是一隻棲息在樹枝上的小鳥。

死人直穴
這幅受傷的人像是洞窟裡唯一的人像畫，但畫得不是很好⋯⋯與其他精心繪製的動物相比，人像只由簡單的筆畫構成。史前時代人類是否認為繪製自己的畫像會遭遇不幸？

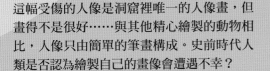

壁畫上這名男子的臉畫成鳥的臉，而鳥在過去一度象徵死亡。真是令人毛骨悚然。

我們何時可以坐下來喝杯冷飲啊？

通往地獄之路

火山爆發、一團團燃燒的火山灰雲、通往地底的黑暗通道，古文明社會是如何看待這些景象？大部分人相信，洞穴、火山、隕石坑，還有地洞，都是直通地獄的通道。看到那些滾燙的岩漿氣泡冒出地表，你實在沒辦法怪當時的人這樣想。馬雅人、希臘人和羅馬人都相信，當地的洞穴就是「通往地獄之路」。敢的話就進去試試看吧！

打入地獄
冰島有個有趣的民間傳說：被打入地獄的靈魂要經由冰島的海克拉火山口進入地獄。嗯，現在有人想聽睡前故事嗎？

但丁的《神曲：地獄篇》
這是知名的地獄之詩，內容描述但丁在黑暗的森林裡迷路，歷經九層地獄，到達世界的中心。

爬這些階梯對我的膝蓋來說真的是地獄般的折磨。

不怎麼閃耀
馬雅人認為，地獄之神就住在水晶墓洞穴裡，所以會把活人祭品扔下去獻給祂們。洞穴底部躺著一具閃閃發光的「水晶少女」，是一名少女的骨骸，已經有1000年歷史。

恐怖的冥府
義大利阿佛納斯火山湖附近的庫納洞穴，是羅馬傳說中的地獄。「阿佛納斯」（Avernus）的意思是「沒有鳥」，可能是因為火山的硫磺氣味趕走了鳥類。

當地獄結冰
1879年，一群興致勃勃的探險家在澳洲發現了艾斯里森維爾冰洞。但其實當地人早就知道那個地方，只是一直不敢進去。

第3章
地底動物
躲躲藏藏過日子

蝙蝠

蚯蚓

蠍子

穴居蛇類

蜈蚣

白蟻

洞穴蜘蛛

烏龜

甲蟲

洞螈

盲眼螯蝦

松鼠

狐狸

兔子

蟬

袋熊

束帶蛇

犰狳

睡鼠

草原犬鼠

數百萬年以來，有許多動物以地洞為家，有的是為了保暖，有的是為了避暑，有些是為了躲避天敵的獵捕。有些會自己挖巢穴，有些就住在現成的洞穴中。

狐獴

裸隱鼠

終生
不見天日

晚餐要吃什麼？

地洞深處沒有植物可吃，全穴居生物平常吃的就是其他全穴居生物的屍體，或是可口的蝙蝠糞便。

盲蠍很少跑到日光底下。牠沒有眼睛，但有一雙巨大的螯可以彌補不便。

許多動物住在地底，而有些則住在地底更深處。「偶穴居生物」住在陰森森的洞穴入口，但也喜歡到地面的世界探險、覓食。最有名的偶穴居動物有蝙蝠、蜘蛛、甲蟲和一些魚類。住在洞穴更深處的是「好穴居生物」，牠們喜歡住在洞穴裡，但如果有必要，在地面上也能生存下來。好穴居生物的英文「troglophile」源自於希臘文的「trogle」和「phile」，意思分別是「洞穴」和「喜歡」。

全穴居動物

在洞穴最深、最黑暗的地方，住的是全穴居生物。這種生物已經適應洞穴生活，無法在外面生存。牠們的身體往往沒有顏色（色素），幾乎是透明的。許多全穴居動物沒有眼睛（在沒有光線的地方，誰還需要眼睛？）但觸角或腿都很長，這是為了在黑暗中摸索前進。

- 住在洞穴裡的成年蜘蛛討厭光線，所以牠們會躲進洞穴深處。不過，蜘蛛寶寶剛從卵鞘孵化出來時，會被光線吸引，離開洞穴繁衍後代。真妙！

地球上平均每十個洞穴中，就有九個尚未發掘，原因是這些洞穴從地表上看不到入口。科學家已經為7700種全穴居生物命名，但他們也曉得，還有更多生物住在地底，只是人類還未發現。就算是在已經發現的洞穴裡，還是有些全穴居生物深藏不露，畢竟在黑暗處玩捉迷藏容易多了，況且身體又是透明的。

- 當白化的洞穴螯蝦靜止不動時，在獵食者眼中是透明的。

四大洞穴地帶

科學家依生態系統將洞穴劃分為四個地帶：

1 洞穴入口地帶是地表和地底環境的交接處。龐大的蝙蝠聚落通常就位於陰暗的入口地帶。

住在洞穴的錦蛇是一種「美麗的蛇」，視力很差，但身體可以盤繞、扭動，並捕捉倒掛在洞穴頂部的蝙蝠。

這隻蛇真美麗……但是，快逃啊！

2 入口地帶再過去就是暮光地帶，這裡的日光較少，但有少許植物生長，是好穴居生物最喜愛居住的地方。

■ 某些種類的盲眼洞穴甲蟲，全世界只在一、兩個洞穴裡才看得到。1933年，一名德國收藏家發現這種甲蟲，然後以當時的德國領導人來命名為「盲眼希特勒」。

3 過渡地帶幾乎是一片黑暗，但仍然可以稍微感覺到地表上發生的事，例如微風和空氣流動，也能聽到地面上傳來的巨響。

■ 洞螈是在1689年發現的第一種全穴居動物，當時東歐下起傾盆大雨，大量洞螈從洞穴湧出，嚇壞了村民，還以為那是恐龍寶寶。

4 深穴地帶就完全陷入黑暗，全年暗無天日。那裡的空氣總是潮濕、不流動的，也聽不到外面世界的聲音。全穴居生物就是躲藏在這片黑暗之中。

蝙蝠世界

蝙蝠是偶穴居生物,住在入口地帶,也就是有日照的地表和黑暗地下世界的交界處。偶穴居生物有時候也會搞錯地方,例如有些蝙蝠會棲息在橋底下,牠們以為那是洞穴,這些聚落的蝙蝠有時高達好幾百萬隻。蝙蝠白天倒掛在洞穴頂部,黃昏時到外面捕食昆蟲。吸血蝙蝠會在地面上助跑後起飛,至於其他種類的蝙蝠則用前腳爬到高處,再滑入空中飛行。

好了,各位,請不要同時離開!
有些蝙蝠聚落相當龐大,若在黃昏時一起湧出洞穴,而附近又有天氣雷達,便會干擾到天氣預報的準確度。

吸血鬼

吸血蝙蝠是唯一以血液為生的蝙蝠,會從睡覺中的動物、鳥甚至人類身上吸血。吸血蝙蝠最多可以喝下的血量,足足有自己體重的一半,喝得太飽時,還得用特別長的姆指把自己從地面撐起。吸血蝙蝠並不是像德古拉吸血鬼那樣吸血,而是將獵物的皮膚咬開,舔著流出來的血液,最久可長達30分鐘。不過,吸血蝙蝠其實只有拇指那麼大,沒有想像中可怕。

四大洞穴地帶

科學家依生態系統將洞穴劃分為四個地帶：

1 洞穴入口地帶是地表和地底環境的交接處。龐大的蝙蝠聚落通常就位於陰暗的入口地帶。

住在洞穴的錦蛇是一種「美麗的蛇」，視力很差，但身體可以盤繞、扭動，並捕捉倒掛在洞穴頂部的蝙蝠。

> 這隻蛇真美麗……但是，快逃啊！

2 入口地帶再過去就是暮光地帶，這裡的日光較少，但有少許植物生長，是好穴居生物最喜愛居住的地方。

某些種類的盲眼洞穴甲蟲，全世界只在一、兩個洞穴裡才看得到。1933年，一名德國收藏家發現這種甲蟲，然後以當時的德國領導人來命名為「盲眼希特勒」。

3 過渡地帶幾乎是一片黑暗，但仍然可以稍微感覺到地表上發生的事，例如微風和空氣流動，也能聽到地面上傳來的巨響。

洞螈是在1689年發現的第一種全穴居動物，當時東歐下起傾盆大雨，大量洞螈從洞穴湧出，嚇壞了村民，還以為那是恐龍寶寶。

4 深穴地帶就完全陷入黑暗，全年暗無天日。那裡的空氣總是潮濕、不流動的，也聽不到外面世界的聲音。全穴居生物就是躲藏在這片黑暗之中。

蝙蝠世界

蝙蝠是偶穴居生物，住在入口地帶，也就是有日照的地表和黑暗地下世界的交界處。偶穴居生物有時候也會搞錯地方，例如有些蝙蝠會棲息在橋底下，牠們以為那是洞穴，這些聚落的蝙蝠有時高達好幾百萬隻。蝙蝠白天倒掛在洞穴頂部，黃昏時到外面捕食昆蟲。吸血蝙蝠會在地面上助跑後起飛，至於其他種類的蝙蝠則用前腳爬到高處，再滑入空中飛行。

好了，各位，請不要同時離開！
有些蝙蝠聚落相當龐大，若在黃昏時一起湧出洞穴，而附近又有天氣雷達，便會干擾到天氣預報的準確度。

吸血鬼

吸血蝙蝠是唯一以血液為生的蝙蝠，會從睡覺中的動物、鳥甚至人類身上吸血。吸血蝙蝠最多可以喝下的血量，足足有自己體重的一半，喝得太飽時，還得用特別長的姆指把自己從地面撐起。吸血蝙蝠並不是像德古拉吸血鬼那樣吸血，而是將獵物的皮膚咬開，舔著流出來的血液，最久可長達30分鐘。不過，吸血蝙蝠其實只有拇指那麼大，沒有想像中可怕。

關於蝙蝠的知識

世上最大的蝙蝠聚落住著4000萬隻蝙蝠。雖然為數眾多，蝙蝠媽媽仍然可以透過氣味和聲音找到自己的孩子。

倒掛金鉤

對蝙蝠來說，棲息在洞穴頂部是最安全的，畢竟誰會到那裡覓食呢？蝙蝠的身體放鬆時，腳爪的筋腱會自動扣住，而且蝙蝠的重量可以讓腳爪自然收合，所以倒掛時並不需要施力。

四處倒掛真是好玩啊！

你能聽到回音嗎？

蝙蝠是利用「回聲定位法」在黑暗中尋找回家的路。蝙蝠可以發出高音頻，然後聽回聲來確認自己和周遭物體的位置，以免撞上。不過蝙蝠的回聲定位法有個大問題：下雨天時不太管用。

蝙蝠可以像鳥兒一樣飛翔，但牠們的翅膀更像人類的手臂，末端有修長的手指。翅膀是一層薄薄的皮膚，在蝙蝠的「手指」間伸展開來，一直延伸到身體和腿部。蝙蝠拍翅飛翔的方式和鳥類不太相同，比較像人類的蛙泳。

黑暗的巢穴和獸穴

有些獸穴只是2公尺長的彎曲通道，末端是個小而舒適的居室，動物就蜷縮在裡面，安心睡個好覺。

許多動物白天挖地洞睡覺，黃昏才出來覓食。古生物學家甚至在9500萬年前的地洞發現恐龍遺骸。這些恐龍的大小和貓咪差不多，看起來又冷又害怕。當時的大地是結冰的，而且要擔心體型比牠們大50倍的肉食性恐龍獵捕，因此你可以想像，躲在地洞裡似乎是不錯的方法。

鳥類通常在樹上築巢，但麥哲倫企鵝是在地底挖巢穴。巢穴可以保護禽鳥，不過可能會遭到跳蚤侵襲。

太陽出來之前不要叫醒我。

澳洲袋熊是世界最大的穴居哺乳動物，體型雖大，但是在地洞裡能把自己藏得很好。最早移民到澳洲的歐洲人花了十年才發現牠們。

當寒冷的冬天到來，食物不足，許多動物都會用冬眠來節省體力。冬眠不只是睡個很長的覺，呼吸和心跳還會慢下來，體溫也會降低。

嗯，
我把其他堅果
藏到哪裡了？

北極熊媽媽準備要生產時，會挖個「生育巢穴」，和寶寶一起在巢穴裡待上四個月，等寶寶長得夠大，才到外面的世界探險。

事前要準備妥當。有些冬眠動物，例如松鼠和花栗鼠，會在自己的巢穴儲存食物，每隔幾週就醒過來，做幾個深呼吸，然後吃些點心。有些冬眠動物則會在夏天快結束時吃很多食物，以囤積體脂肪。

活生生的蛇是變溫動物，在冬天無法保暖，所以不會完全進入冬眠狀態，而是躲在地洞休眠，看起來很像死掉了。

裸隱鼠的奇異世界

想像一下，在你腳下有個繁華的動物世界。對某些動物來說，只要有個洞穴棲身就是溫暖的家，但有些動物會挖出龐大複雜的迷宮通道，裡面有許多居室，可以容納整個動物聚落。這隻看起來很古怪的裸隱鼠就很喜歡和家人朋友住在這個黑暗卻井然有序的地下城中。

裸隱鼠的食物是地下塊莖，例如馬鈴薯。牠們只會吃掉一部分，所以植物還是能繼續生長，這樣牠們就永遠都有食物可以吃了。

沒有真正的毛皮

小眼睛只能分辨出亮光和黑暗

用長鬚感知周遭環境

像香腸一樣的體型，7公分長，適合在通道裡生活

短而粗壯的腿

是沒看過「有牙齒的香腸」嗎？

跟海象一樣強而有力的牙齒，可以用來挖地洞

光禿鬆弛的粉紅色皮膚，不會感受到疼痛

忙碌的挖洞專家

這座裸隱鼠的地下城通道,位在東非乾燥的草原底下,長達五公里。

有些裸隱鼠會到地面探險,尋找植物或種子。

每隻裸隱鼠都有一份終生任務,有的挖隧道,有的覓食,有的則照顧女王,或是保護聚落不受蛇的侵擾。

在炎熱的非洲,黑暗的地下世界提供了涼爽的居所。

裸隱鼠的壽命比地表上的其他齧齒目動物還要長,目前最高紀錄是28歲。

一個聚落最多住有300隻裸隱鼠。

聚落的領袖是女王,她擁有三名雄性配偶,也是唯一能生育的雌性。女王養育寶寶一個月,然後交給工鼠照顧,工鼠餵鼠寶寶吃糞便,一直餵到牠們長大可以吃植物為止。

第 4 章

埋在地底

前往死後世界的方式

從石器時代開始，人類就會埋葬朋友和家人的遺體。或許，人類就是從這裡開始思考死後的世界，也或許只是單純覺得遺體隨便擺放不太好。

埃及金字塔

帝王谷

埃及木乃伊

法老之墓

盜墓人

圖坦卡門法老王

秦始皇陵墓

屍體竊盜者和吸血鬼

兵馬俑

位在薩頓胡的陪葬寶物

R.I.P

編注：兵俑和馬俑出土時應該朝同一方向，
圖中馬頭朝另一方，只是為了清楚呈現馬匹的身形。

法老王墓

在世界知名的埃及金字塔裡，埋葬的是埃及第一批統治者。不過，1000年之後，拉美西斯、塞提和圖坦卡門等幾位法老王，選擇葬在空曠的帝王谷底下隱密的石穴。自從墓室封死後，一直沒有人想要去看這些經過裝飾的地下墓室。不過，這200年來已經有考古學家在那裡探查。

盜墓賊

藏在金字塔和墓室裡的貴重寶物，對盜墓賊來說是一大誘惑。雖然墓室在建造時就設有假門、通道和階梯，想要混淆盜墓賊，但這200年來，墓室大多還是被人闖了進去，搬個精空。

再會了！這個空的珠寶盒是圖玉的陪葬品。圖玉的陵墓在1905年出土，但盜墓賊在幾千年前就進去過了。

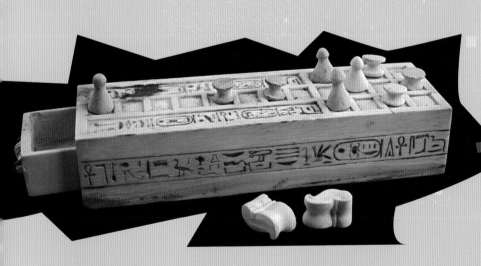

圖坦卡門的陪葬品中還有他最喜歡的遊戲。

其實，我比較想住在貓舍裡。

打包行李，出發到下一個世界

法老王很喜歡為死後的世界打包行李。他們的陪葬品有食物、衣服、珠寶、寵物、遊戲，還有小型的奴婢雕像，等著在死後的世界服侍他們。這樣的情況已經比之前的法老好多了，先前的法老會先把自己的奴婢殺來陪葬。嗯，畢竟周圍能有熟悉的人比較舒服。

帶我一起走

古埃及人還會將動物製作成木乃伊，帶到死後的世界，數量高達數百萬隻。到目前為止發現的有公羊、狒狒、鱷魚、狗和朱鷺，而最受喜愛的則是貓。

沿著陡峭的石廊往下走，會經過一間間裝飾美麗的房間，最後來到墓室。拉美西斯五世和六世是兄弟，他們埋葬在同一座陵墓。

御用山谷

到目前為止，帝王谷發現的陵墓已經超過63座，公元前1600年到1100年的古埃及法老王都選擇埋葬在這裡。

盜墓賊受到的懲罰，是凌虐致死。

我是爹地，不是媽咪＊。我的貓在哪兒？

＊編注：媽咪與木乃伊的英文都是mummy，發音也相同。

叫我木乃伊

古埃及人相信，遺體在埋葬時必須保持完整，如此靈魂才能存活，在死後的世界繼續享受美妙的生活。他們知道遺體會腐爛，因此發明了保存遺體的方法：製成木乃伊。製作方式為：摘除所有器官，甚至從鼻孔裡取出腦漿，並為遺體抹上防腐香料，然後用麻布條包裹起來。

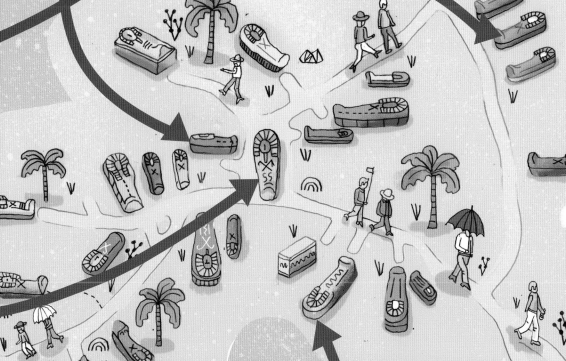

古埃及人相信，豺狼頭人身或黑鷹頭人身的死神，會到法老王的陵墓接他出來，帶他到地獄去見陰間之神奧西里斯。

觀光勝地
自羅馬時代開始，就已經有遊客造訪帝王谷。

墓室塗鴉
其中一座陵墓裡的塗鴉可以追溯到公元前278年。

使些小手段
盜墓賊不一定要動手挖墳墓，他們有時候會賄賂建造陵墓的人，請他們不要把墳墓封死。

圖坦卡門的詛咒？

卡特發現神祕石階的那天，他的寵物金絲雀被一隻眼鏡蛇「王」給吃了。這隻鳥會不會是木乃伊詛咒的第一個犧牲者？

誰是最漂亮的……呃啊！

嗯，這些腳印都往下走，一定是通往古代的地鐵站。

考古學家先前就懷疑，帝王谷還有一座陵墓沒有發掘，因為他們發現了一個杯子，上面刻著「圖坦卡門」的大名。圖坦卡門年幼就當王，19歲時就已經下葬，英國一位年輕的埃及古物學家霍華德·卡特下定決心要找到他的陵墓。1917年，卡特說服了他的有錢朋友卡納馮勛爵來資助他的考察隊。他會找到嗎？

卡特花了五年時間挖掘探查。1922年，卡納馮同意資助最後一次探查的費用。11月4日，卡特在一間古老的小屋下發現了16段石階，底下還有一扇門。

看看這腳有多大！我是指腳的年紀，而不是尺寸。這看起來像一雙腳，只是年紀比較大。事實上，這雙腳已經3300多歲了。

討厭！這感覺真的很沒尊嚴……

內室有一具石棺，裡面放著三層人形棺材。外面兩層是木製的，最裡面那一層是純金打造，裡面放的是圖坦卡門木乃伊。

擅闖聖墓者，
將速蒙死神召喚

■ 相傳陵墓裡有用象形文字刻成的咒語（其實沒有）。
四個月後，卡納馮遭病蚊叮咬而死，開羅全市的燈也
全面停電，大家都認為這是木乃伊的詛咒。

卡特掩蓋起石階，然後寫信給卡納馮要他趕過來。11月26日，這個有錢的勳爵參加了盛大的「開墓儀式」。卡特在門頂端開了個小洞，然後點起蠟燭向內窺視。

蠟燭的亮光映照出一堆黃金製品。這座陵墓雖小，但仍藏有寶藏。這些人花了好幾個月整理出陪葬寶物的清單，然後在1923年2月16日才進到最深處的墓室。

木乃伊臉上戴著純金的死亡面具。圖坦卡門的肝臟、肺臟、胃臟和腸子都存放在一旁的瓷罐裡。與他一起下葬的陪葬品還有413尊小型陶俑，都是服侍他的奴婢人偶。

卡特和卡納馮有受到詛咒嗎？有傳言說，陵墓建造者為了保護陵墓，下了詛咒。但卡特為了取出木乃伊，把木乃伊切成18塊，還設法摘下死亡面具。

秦始皇的兵馬俑

跟真的一樣……

陶製兵馬俑在地下埋了2200年，大部份都已經變成灰色，不過表面仍殘留許多色彩，這些兵馬俑都經過彩繪。他們就跟真的軍隊一樣，每個人的身高和體重都不同，最矮的約175公分，最高的約200公分，他們的軍階不同，面部表情，髮型、制服和姿勢也都不同。

1974年，中國有個楊姓農夫在西安城外準備挖水井時，並不知道一整批的軍隊就在他的腳底下。他挖掘出一尊真人大小的陶俑，也因而發現了一個超過6000尊陶俑的陪葬坑，每一尊陶俑都呈備戰狀態，保護著墓主。

老兄，縮小腹！

強盛的秦朝

陪葬的兵馬俑是為了保護秦始皇。他在公元前246年13歲登基時，就下令70萬人替他建造陵墓。看來這皇帝挺悲觀的啊！

兵馬俑坑

大部分軍隊都在四座兵馬俑坑裡。士兵分為幾種作戰部隊：馭手、步兵、騎兵和射手，全部列隊面向東方，也就是秦始皇敵人的所在方向。

好山好水好心情

兵馬俑坑附近有一片青草覆蓋的土堆，那就是秦始皇的墓地。歷史記載，秦始皇的陵墓中建有模型宮殿和城市，還有以水銀仿造的河流，流經銅製的山丘，且全部以珠寶裝飾。此外還有雜耍俑和樂師俑供秦始皇取樂。

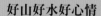

戰士俑裝配線

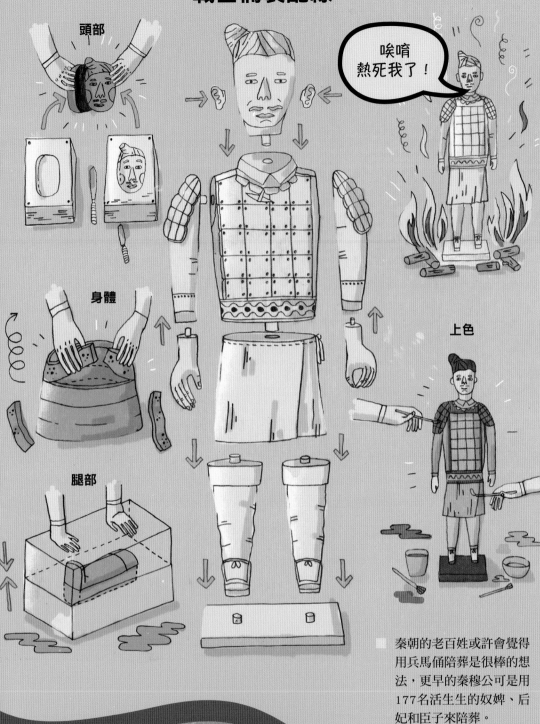

頭部

身體

腿部

上色

唉唷 熱死我了！

■ 秦朝的老百姓或許會覺得用兵馬俑陪葬是很棒的想法，更早的秦穆公可是用177名活生生的奴婢、后妃和臣子來陪葬。

■ 有些戰士俑面帶笑容，有些看起來像是受到驚嚇，或是一臉擔憂，有些看起來很霸道，有些則一臉凶巴巴。考古學家認為這些戰士俑並不是按照真人複製的，不過我們仍可以看出當時的人長什麼模樣。

兵馬俑製作過程

秦始皇需要的士兵還真不少！這些陶土士兵製造成本低、速度快，可以分開製作，而且組裝容易。

1 頭部
頭的前半部和後半部是用兩個不同的模具製成，然後組合起來。

2 臉部和頭髮
用陶土模具製成的山羊鬍和八字鬍，是貼上去或刻上去的。髮型則配合士兵的軍階和地區文化，有扁髻、圓髻或髮辮。

3 身體、手臂和腿部
這三樣是分開製作，然後再組合起來。在身體上鋪一層陶土後，再雕刻出衣服和盔甲等細節。

4 燒製
為了製作出質地堅硬的陶俑，兵馬俑是用1000℃的火燒製而成。果然有效！

5 上色
先塗一層生漆，再以礦物調配的顏料上色，不過出土時不處理的話就會全部剝落了。

6 整裝待發
兵俑佩戴的武器都是真刀真槍，不過某些部份腐爛了。

薩頓胡的巨大墓船

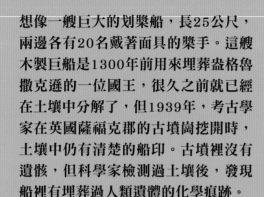

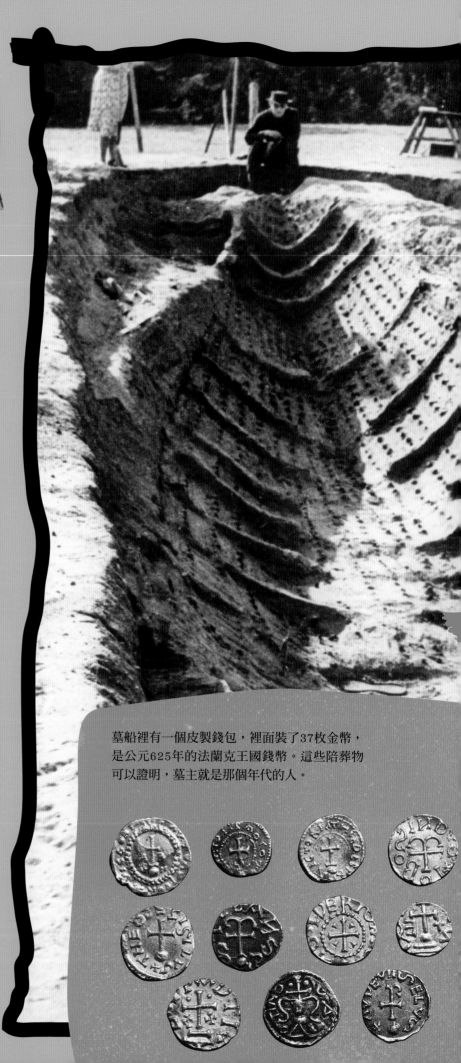

想像一艘巨大的划槳船，長25公尺，兩邊各有20名戴著面具的槳手。這艘木製巨船是1300年前用來埋葬盎格魯撒克遜的一位國王，很久之前就已經在土壤中分解了，但1939年，考古學家在英國薩福克郡的古墳崗挖開時，土壤中仍有清楚的船印。古墳裡沒有遺骸，但科學家檢測過土壤後，發現船裡有埋葬過人類遺體的化學痕跡。

陪葬寶物

這位戰士國王的寶貴物品也隨著他葬入船裡，包括一副青銅裝飾的蒙面鐵頭盔。頭盔發現時已經碎裂成小塊，由考古學家重新組裝起來。遺體旁邊還放著一把寶劍，寶劍上用黃金和紅寶石裝飾。其他陪葬物還有一條黃金的腰帶釦、上衣肩釦、錢包蓋、一批矛，以及一副維京海盜式圓盾。

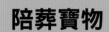

薩頓胡透露的線索

船裡的盔甲和武器足以證明墓主是男子。這艘巨船、珠寶和裝飾精美的頭盔，證明墓主是有錢有勢的戰士領袖。墓主葬在船裡，證明他不信基督教。他隨身陪葬的寶物還有來自外地的物品，例如法蘭克王國的硬幣、地中海風格的衣服，考古學家因此判斷他遊歷各國，或與外國人做買賣。

墓船裡有一個皮製錢包，裡面裝了37枚金幣，是公元625年的法蘭克王國錢幣。這些陪葬物可以證明，墓主就是那個年代的人。

遺體頭部旁邊放置了一副華麗但嚇人的頭盔，眉毛尾端各有個小小的野豬頭，眉毛之間則有個龍頭。

薩頓胡約有20座古墳崗，這艘船則埋葬在最大的一座。考古學家發現船體上有些痕跡，代表這艘船有經過修補。

為了製作這副盾牌，我上了25堂美術課。你膽敢碰它，我就用矛刺你！

古代的搖滾明星？陪葬物中還有一副七弦琴，差不多就是古代的吉他。墓主大概也是優秀的音樂家。

會是雷德沃爾德嗎？

這位有錢又有勢的墓主，有可能是英格蘭東部的東盎格魯國王。第一任東盎格魯國王是「烏法」（Wuffa，這個名字是「野狼」的意思），而最有名的東盎格魯國王是雷德沃爾德。東盎格魯的王室當時住在藍道申，距離薩頓胡只有幾英哩。由於雷德沃爾德非常強大，因此成為英格蘭的共主，而考古學家相信，他的遺體就葬在薩頓胡。雷德沃爾德是在公元625年左右過世的，雖然他曾經皈依基督教，但他的王后也說服他信奉非基督教的神。

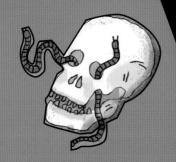

遺體——醫生練習用

200年前，英國墓地出現個大問題：遺體會被偷。缺德的盜賊會偷出剛下葬的遺體，賣給醫學院，供實習醫生練習。有些家族會安排守衛站崗，保護家族墓地。一直到1832年，英國實行解剖法後，遺體才終於不再被偷。

死亡印記

全世界地底下埋葬的屍體，超過1100億具。幾千年前，人類是集體下葬的，一起埋葬在土堆下，或是一大片墓地裡。在現代，我們希望保有一點隱私，每具遺體都有一副棺木，並在墓地上做個記號。不過，人下葬後並不代表他們的故事就跟著結束了。

■ 默劇影星卓別林的遺體葬在瑞士，在1978年失竊。有人跟他的遺孀烏娜女士勒索40萬英鎊贖金。盜墓者以為自己的計畫萬無一失，但烏娜可不是傻瓜，她拒絕支付贖金，因為卓別林若是地下有知，一定會認為這件事「太荒謬了」。

■ 送葬者在葬禮上穿黑色衣服是為了偽裝，以免死者的鬼魂回來認出他們

在某些國家，墓地只出租40年，租約一到遺體就得挖出。

偉大墓碑文

目前發現最古老的墓碑是在以色列的拿撒勒，年代可追溯到一萬多年前。現在的墓碑大部分會寫上墓主的姓名、出生和過世日期，也有些人會加上遺言自嘲一番：「看吧！我跟你說我病了。」

墓地出租

在土庫曼部分地區，會看到地面上豎起一排排山羊角，那些都是墳墓的標記。

> 親愛的，我從沒聽過這麼荒謬的事

讓我出去！

19世紀，人們很擔心自己還沒死去就被埋了，因此會購買特別的棺材。有些人會在地面設置旗子或小鐘樓，然後接上繩子，放在棺材內側。假如「遺體」活了過來，可以拉動旗子或鈴鐺示警。

棺材裡的空氣只夠用一小時，但棺材上仍掛了許多警鈴。

> 我好想趕快回到我舒適的棺材

「吸血鬼」是不是人類不小心遭到活埋才變成的？他們臉上的血會不會是因為猛然坐起撞到棺材蓋造成的？

墨西哥的亡靈節

就算是死去且下葬的人，也能開狂歡派對。墨西哥每年會有連續三天的亡靈節，兒童亡靈會在11月1日出來開派對，成年亡靈會在11月2日出來狂歡。

第一天
死者的親人會帶著食物到墓地，坐在毯子上與亡靈一起慶祝。他們會清理墳墓，並且用橘色的萬壽菊做裝飾。

第二天
如果家中設有供桌，家人就會在供桌上擺放死者照片，以及死者生前最喜愛的物品，例如充滿回憶的剪貼簿。朋友也會來訪，一起享用骷髏造型的糖果。

第三天
可以到鎮上狂歡了！在遊行隊伍或花車中的人，除了會穿上戲服，也會唱歌和跳舞。慶祝派對的群眾有的會扛著棺材，有些還會打扮成骷髏的樣子。

第 5 章

尋寶兼作戰

悄悄挖，用力挖

橡樹島
的錢坑

蒙特祖馬的黃金

越南的古芝地道

埋藏的藝術品

神奇的寶藏

蓋伊·福克斯（V怪客）

地底世界又深又暗，的確是藏匿的好地方。幾千年來，人類將寶藏埋在地底，甚至也把人類藏在地下，有的是為了保護自己的安全，有的是為了攻擊敵人，有的則是執行殘忍惡毒的酷刑。

中世紀城堡食品儲藏室

戰地辦公室

希特勒的地下碉堡

戰爭時期的醫院

祕密通道

二次大戰倫敦大轟炸時期的倫敦市民

酷刑室

嗨！又見面了

公元100年的大夏寶藏出土了兩次。第一次是1978年在阿富汗，共挖出2萬件金飾。蘇聯在1979年入侵時，這批寶藏被藏到一座祕密金庫，直到2003年才又重見天日。

埋藏的寶藏

海盜會將偷來的財寶埋在地底，在地圖上畫個大叉叉，標出藏寶的地點，然後隨身帶著。真的是這樣嗎？錯！事實上，只有一個海盜把寶藏埋在地底，那就是基德船長。其他海盜是不會讓辛苦到手的寶藏離開自己的。至於有埋在地底好幾千年的黃金和珠寶，那是因為有人要躲避敵人或天災，無法帶在身邊。這些人應該是認為自己之後還可以回去挖出來，結果沒有。

起點

■ 1699年，基德船長在紐約附近埋了24箱黃金和寶石，但後來被警察挖了出來。

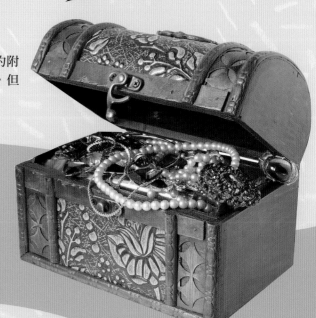

挖這裡！

海盜的寶藏

15世紀，強大的西班牙帝國在南美洲開採金礦和銀礦，製成錢幣後運回西班牙，在當時又稱「八片幣」。海盜經常掠奪這些貨船，然後將錢幣藏在海盜船上，等時機成熟再進行交易。

我們已經挖了
200多年，可以
停了嗎？

錢坑

這場尋寶之旅持續了200年之久。1795年，三名男孩在加拿大新斯科細亞省外海的橡樹島發現一個深坑。他們往下挖了大約30公尺，發現一顆石頭，上面刻著一些字：「下方40英尺處，埋了200萬英鎊。」由於當時天色已黑，等小男孩再回到深坑時，坑洞已經被水淹沒。到現在還有人在那裡努力挖著寶藏。

斯塔福德寶藏

很難想像，在英國城市那樣熱鬧的地方能發現寶藏。第7世紀的斯塔福德寶藏（裡面有金銀製造的武器和珠寶），一直都靜靜躺在英國利奇菲爾德市的地底，到了2009年才被發現。

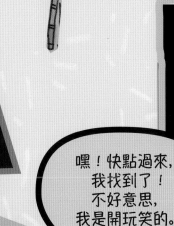

嘿！快點過來，
我找到了！
不好意思，
我是開玩笑的。

幸運三兄弟

1949年12月，在保加利亞的帕納久里什泰村附近，有三兄弟在挖黏土製作磚瓦。結果他們在又冷又暗的地底發現了一批寶藏，是九個沉重的黃金杯具，那是公元前400年的色雷斯人製造的。歷史學家認為，這批寶藏是色雷斯王室的餐具。

蒙特祖瑪的黃金

「蒙特祖瑪的黃金」是墨西哥和美國南部很有名的傳說。蒙特祖瑪是阿茲特克族超級富有的國王，在迎接西班牙人科爾特斯時，大方贈送了不少金銀財寶。他以為科爾特斯是神，但其實科爾特斯是來侵略的。蒙特祖瑪過世後就有傳言說還有更多黃金埋在地底。

死亡地牢

有些中世紀城堡在地底設有牢房，且配有刑具，用來逼迫犯人供出獄卒想要的答案。這類地牢的牆壁厚達1.5公尺，裡面非常昏暗——嗯，光線只夠讓囚犯看到戴著黑色頭罩的行刑人，還有被插在尖釘上的囚犯頭顱。

■ 地底是存放火藥最好的地方，原因很明顯，沒有人想要看到砲彈走火這種糟糕的意外。

地下儲藏室

大部分城堡其實沒有這麼恐怖和陰森的地牢，有的是比較不可怕的地下室，例如寬敞的食物儲藏室。在還沒有冰箱的年代，食物都會存放在廚房下方的石窖裡，以防止腐敗。城堡的火藥庫也會設在地底，還會將財寶藏在地底，以防敵人發現。

■ 老鼠是最常見的酷刑工具，因為老鼠到處都有，方法簡單，成本又低。只要在囚犯身上放誘餌，老鼠就會順著誘餌咬遍囚犯全身。

餓、餓、餓……

現在你哪兒都不能跳了。

終極酷刑

這是16世紀使用的刑具「鐵娘子」。囚犯綁在裡面，然後關上其中一道門，或兩道門都關上。門內側的一排排鐵針會刺進囚犯身體，但是鐵針的位置都經過精心設計，不會刺到囚犯的重要內臟，所以囚犯不會立刻死亡，而是在黑暗中慢慢斷氣。

永遠遺忘

我們會以為，所有中世紀城堡都設有地牢，用來折磨犯人，但其實這並不普遍。事實上，囚犯更常關在地面上的某一種牢房，但裡面一樣可怕，那就是「祕密牢房」。它的英文「oubliette」源自法文，有「遭到遺忘」的意思。祕密牢房在天花板裡，是個只容得下一個人的小洞。囚犯從小洞口被推進去，永遠無法出來，一直留在裡面，到最後被大家遺忘。

強盜男爵

15世紀，斯洛維尼亞的俠盜騎士艾瑞森遭到哈普斯堡皇室的軍隊包圍，受困在自己的城堡裡一年。艾瑞森於是朝士兵丟新鮮櫻桃，以此嘲笑辱罵他們。不過，假如艾瑞森困在城堡裡，怎麼會有食物？原來城堡裡有一條地下密道，可以通往村子，所以艾瑞森可能是在晚上偷偷溜出去，到村子裡採買。

吃了那麼多櫻桃，我該去廁所了。

■ 不過，俠盜艾瑞森的結局頗為難堪。他在城堡塔樓頂部的廁所享受「私密時間」時，遭砲彈擊中。

■ 絞架是中世紀普遍使用的刑具。囚犯的手腕和腳踝分別綁上繩子，轉動絞架的把柄時，繩子會拉緊，最後會聽到骨頭脫臼的巨大喀啦聲。

■ 見過用山羊當刑具嗎？囚犯的雙腳浸入鹽水，讓山羊舔舐。一開始會覺得癢癢的，然後會感到疼痛，當山羊開始舔掉一層層皮膚時，就是酷刑了。

壕溝裡的生活

第一次世界大戰的士兵，大部分時間都待在地底。德國軍隊進軍法國後，與英國人面對面作戰，而在平坦的地面上，唯一能躲起來的地方就是地洞。於是，德軍在幾個月內挖出了一排排的溝，長達好幾百公里，稱為「壕溝」。德國和英國軍隊各占一方，中間隔著一塊無人的區域，稱為「無人區」。

深陷泥淖

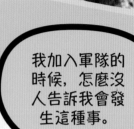

由於德國軍隊是最先開始挖壕溝的，所以他們占到最好的位置。英國軍隊有些壕溝地勢較低，下雨時會淹水。彈坑裡積水時，水甚至深到能把士兵淹沒。

我加入軍隊的時候，怎麼沒人告訴我會發生這種事。

「踩著他人往上爬！」

比待在壕溝裡更慘的事，只有一件，那就是從壕溝裡爬出來。軍官下令士兵回到地面時，士兵就得一個踩著一個往上爬，通常會有人因此喪生。

開心的老鼠

老鼠一定會把壕溝當成溫暖的家。士兵的口糧，還有無人區裡橫躺的士兵遺體，都能讓牠們飽餐一頓。有些老鼠因此長得跟貓一樣大。

隨便逛逛，
保證印象深刻。

臥室不怎麼舒適，也沒什麼隱私

在壕溝裡，每個士兵會有自己的小臥室。但這種臥室跟你家臥室並不一樣，而是大小和墓室一樣的「防空洞」，能通往主壕溝，裡面用木板和沙袋補強，防止頂部崩落。士兵會掛起毯子當門簾，保有一點隱私。

頂級壕溝

德國壕溝看起來蓋得比英國好。西線的「壕溝街」有2到3公尺深，排列得像座迷你城市，裡面還有司令室和醫院。

或許他們的壕溝是最棒的，但最後打贏的是我們。

炮彈休克症

待過壕溝的士兵，有許多人一直無法恢復到從前的樣子，在回家後出現了「炮彈休克症」。在壕溝裡跟老鼠和蝨子一起過日子，聽著周遭轟隆的砲聲，還要隨時提防敵人就藏在身邊，許多人因此一輩子都在擔驚受怕。但誰又能怪他們？

我不想嚇各位，但是有火車來了。

不知道畢卡索的畫到哪兒去了。

英國首相邱吉爾在倫敦地下鐵站有間戰爭辦公室以及祕密會議室。

倫敦大轟炸

在第二次世界大戰的倫敦大轟炸時，有20萬市民在倫敦地下鐵車站過夜。雖然政府禁止人們睡在地鐵站裡，但大家都買了便宜的車票進入地鐵站，等到天亮才願意出來。

納粹軍隊在歐洲各地博物館掠奪寶物和畫作，然後將戰利品藏在鹽礦坑裡。

戰時的地底

當炸彈從天而降，士兵扛著裝滿彈藥的槍枝匍匐前進，地底的隱密之處就能讓他們防守和進攻。作戰計畫在這裡擬定，軍隊在這裡吃飯和躲藏，市民睡在這裡，寶物也藏在這裡。這就是地底。

希特勒的最後人生……

希特勒生命中的最後六個月，是在元首地堡裡度過的，陪伴他的還有侍從、狗狗布朗迪，以及女友伊娃‧布勞恩。1945年4月30日，他和伊娃在這裡舉行婚禮後雙雙自盡。希特勒的死亡為第二次世界大戰畫下了句點。

火藥陰謀的策畫人

1604年，蓋伊‧福克斯（V怪客）和他的天主教朋友企圖炸毀國會大廈，以暗殺國王詹姆士。他們在附近一棟房子開挖地道時，得知上議院下方有一間地窖，而且正要出租，索性就放下鏟子，停止挖掘，直接租地窖來用。

古芝地道

越戰時，越南共產黨為了躲避美軍，藏在總長200公里的網狀地道中。他們要爬過狹小的活板門，進入窄小、令人窒息的地道，通往一個個地下聚落。聚落裡有廚房、宿舍和醫院。

第 6 章 挖礦藏 地底下的天然寶藏

露天礦坑

煤礦裡的童工

羅馬時代的煤礦

金絲雀「毒氣警報器」

人類很快就發現，我們腳底下遍布岩石的土地，其實是座寶庫。
煤礦和石油可以用來生火和生產能源，閃閃發光的寶石和礦石則
可以用來交易，拋光打磨之後，還可以製作成項鍊掛在脖子上！

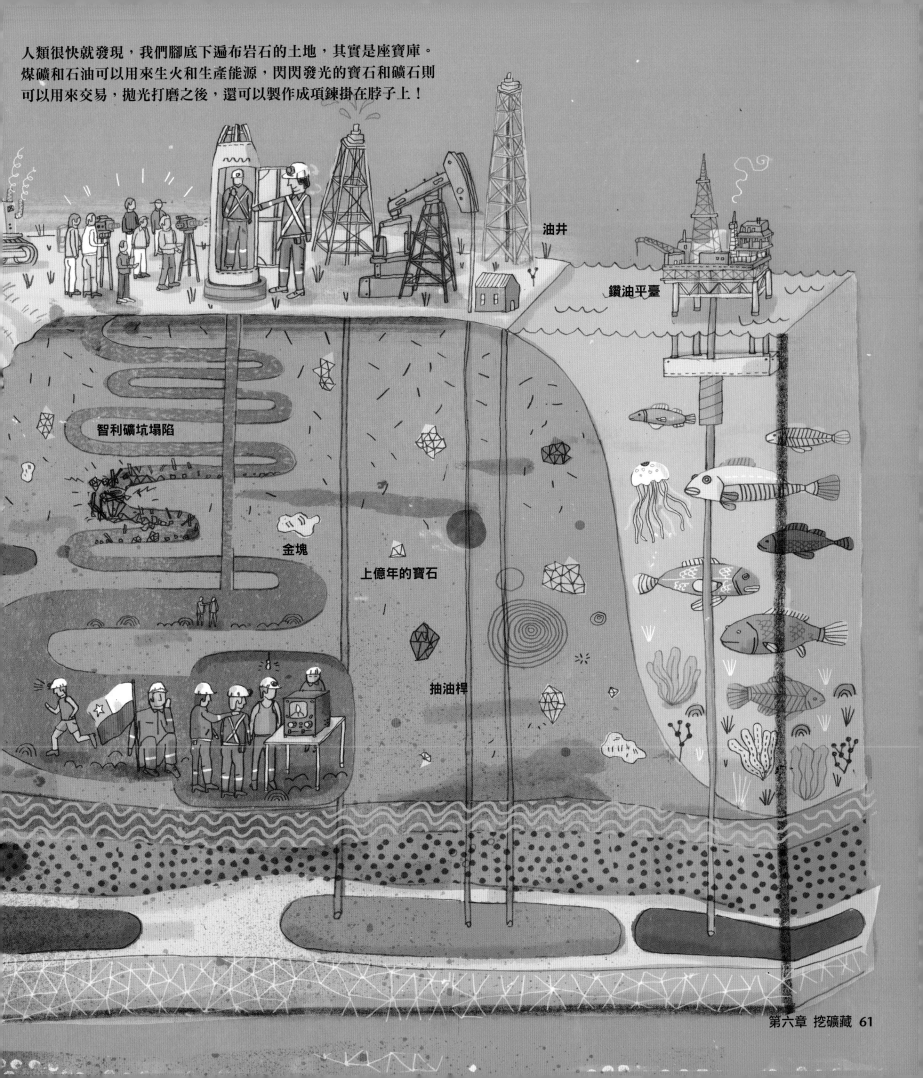

油井

鑽油平臺

智利礦坑塌陷

金塊

上億年的寶石

抽油桿

礦山、礦井、礦坑...

人類很快就發現，地底蘊藏著大量的天然寶藏。早期人類可能注意到生火的時候有些石塊更容易引燃。我們從古代文獻紀錄中可以知道，3000年前中國人就會使用特殊的黑色小石頭取火，這種小石頭就是煤。公元347年，聰明的中國人（又是他們！）把250公尺長的竹子接成管子，伸到地底鑽探石油。

尋寶的羅馬人

羅馬人在遼闊的領土上到處開採礦產，有時甚至侵略其他國家，就是因為他們認為其他國家有豐富的礦產可以開採，例如西班牙有銀礦，威爾斯有金礦（不過在那裡只發現一處羅馬人的金礦）。他們尋找金礦的方式是用水沖洗岩石，或用鐵鎬和鐵鏟挖地道。

> 我等不及他們發明背包了。

冒泡泡的巴庫

100年前，亞塞拜然的巴庫是全世界主要的石油生產地。馬可波羅在12世紀到此地遊歷時，就看到當地人在採集「火水」。你可能沒聽過巴庫這個地名，那是第一個開挖現代油井的地方，在1900年，巴庫生產的石油量占全世界供應量的一半。就算是現在，還會有摻雜石油的汙泥從小油坑裡冒出。

一起去淘金

1799年的美國北卡羅萊納州，一名男孩在父親的農場發現一塊巨大、閃閃發光的岩石。他將這個重達7.7公斤的金塊帶回家，並將金塊放在壁爐臺上兩年之後才賣給珠寶商人。1849年，成千上萬人湧向美國，想挖金礦致富。一開始有些人連挖都不用挖，金塊就躺在地上隨便人拿。

鬧鐘發明之前，你沒辦法說你睡過頭了，因為礦區會有「敲窗工」在村子裡四處走動，用長棍子敲打礦工家的窗戶。

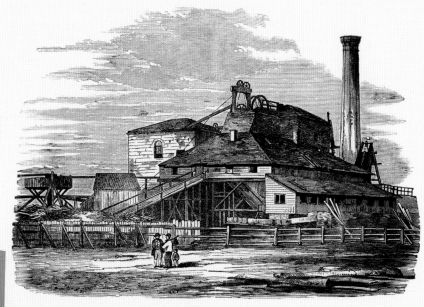

暑假嗎？我可能會去海邊度個假……然後就不想回來了。

礦坑小馬會運送到礦井裡，並且就住在地底的馬廄。每年會放一次假，這時小馬才能出來透透氣。

源源不絕的煤礦

早期人們柴火不夠用時，在溪流裡和山坡上找到了煤炭。他們在山坡上開挖，發現厚厚一層煤礦，稱為「礦層」。他們開採煤礦的方式，是直接在山坡上挖出隧道，稱為「橫坑採礦法」。這種開採方式非常危險，隧道隨時會崩塌。礦井的形式後來變得越來越複雜，深礦井是用機器筆直往下挖。在煤礦區，整個城鎮的居民都會參與開採，包括孩童。1842年，英國政府下令禁止婦女和十歲以下孩童在礦區工作。

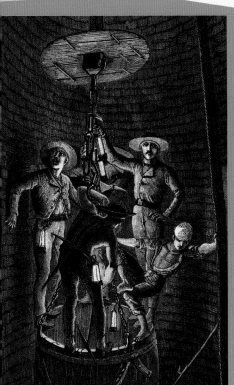

礦工以前是用大吊桶把煤炭從礦井中運送到地面。升降電梯發明之前，礦工也會搭這種大吊桶進出礦井。

對當時的雇主來說，孩童很適合當礦工。孩童嬌小的身軀很能開闔出入口，在狹窄的空間工作，而且工資很低！有些童工在地底下一次就要待上18個小時。

我要摒住呼吸，給你們一個教訓。

礦坑的氣穴充滿毒氣，需要放金絲雀當「毒氣警報器」，假如金絲雀死了，就是警告礦工這裡有毒氣。

地底的工業

現在礦山的規模比早期尋找金礦或煤礦時要大得多。早期礦工手握鐵鏟挖礦坑，在狹窄的礦井中爬進爬出，現代的礦工則是用炸藥炸開礦山，開著大車，沿著陡峭的地道深入地底。露天礦坑是炸開一層地表的岩石，取出寶貴的礦石，然後再炸開一層，一直重複下去，最後變成一個巨大的礦坑。有些礦業公司甚至會將整座山炸開。

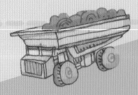

我們為什麼不直接炸開整座山？

好大一個洞

1871年，南非有一群礦工在「大洞」鑽石礦山工作，他們用鐵鏟和十字鎬挖了四十多年（當然會有午餐和點心的休息時間），最後挖出240公尺深的大坑。在用雙手挖出的礦坑，這是最深的一座。

黃金豪宅

在整個人類歷史中，我們已經從地球中挖出了16萬5000公噸的黃金。假如把這些黃金擠壓成一個金塊，大小就相當於一棟大房子。嗯，這些黃金聽起來好像也沒有太多。

現代的機器每分鐘可以挖出5公噸的岩石和礦石。在100年前，這份量比一個礦工挖一整天還要多。

巨無霸挖礦機「Bagger 288」曾經是全世界最大型的陸上交通工具。

世界上最深的深海油井在墨西哥灣下方，水深達3200公尺，井深2700公尺。

無底深坑

1 美國的賓漢峽谷銅礦坑是全世界最深的露天礦坑，寬4公里，深1.2公里。從1906年開始開採，到現在還在挖。

2 西伯利亞東部的米爾內鑽石礦坑深525公尺，寬1.2公里。由於礦坑強大的向下氣流可能會把直升機吸進去，現在已經禁止直升機飛越這座礦坑。

3 南非的陶托那金礦坑深3.9公里，是全世界最深的礦井。

這是米爾內露天鑽石礦坑，已於2011年關閉。

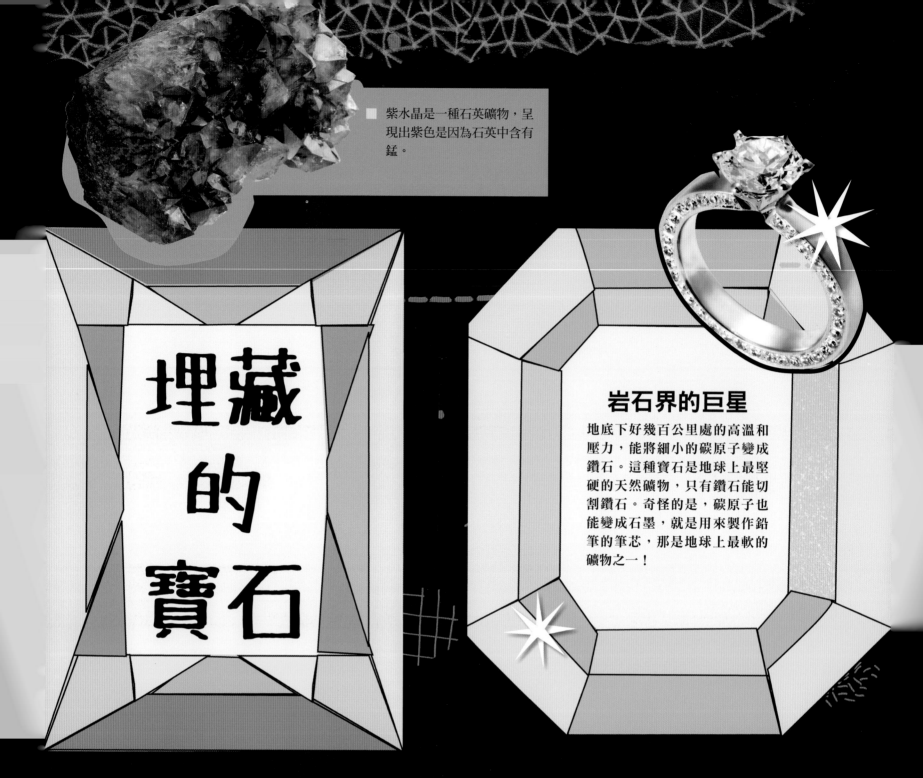

紫水晶是一種石英礦物，呈現出紫色是因為石英中含有錳。

埋藏的寶石

岩石界的巨星

地底下好幾百公里處的高溫和壓力，能將細小的碳原子變成鑽石。這種寶石是地球上最堅硬的天然礦物，只有鑽石能切割鑽石。奇怪的是，碳原子也能變成石墨，就是用來製作鉛筆的筆芯，那是地球上最軟的礦物之一！

很難想像，這些閃閃發亮的寶石都是在地底形成的。所有寶石都是結晶體，但不是所有結晶體都能成為寶石（有些醜小鴨變不成天鵝）。必須是特殊的結晶體，並經過切割和打磨成寶石後，才能拿去賣或製作成珠寶。

鑽石不一定是透明的，也有粉紅、藍、黃、橘、紫、綠甚至黑色，要看鑽石的形成過程中有哪種礦物在裡面。

「希望鑽石」是一顆巨大的藍色鑽石，據說受到詛咒，會給主人帶來厄運。也許這就是瑪麗·安東妮被送上斷頭臺的原因。

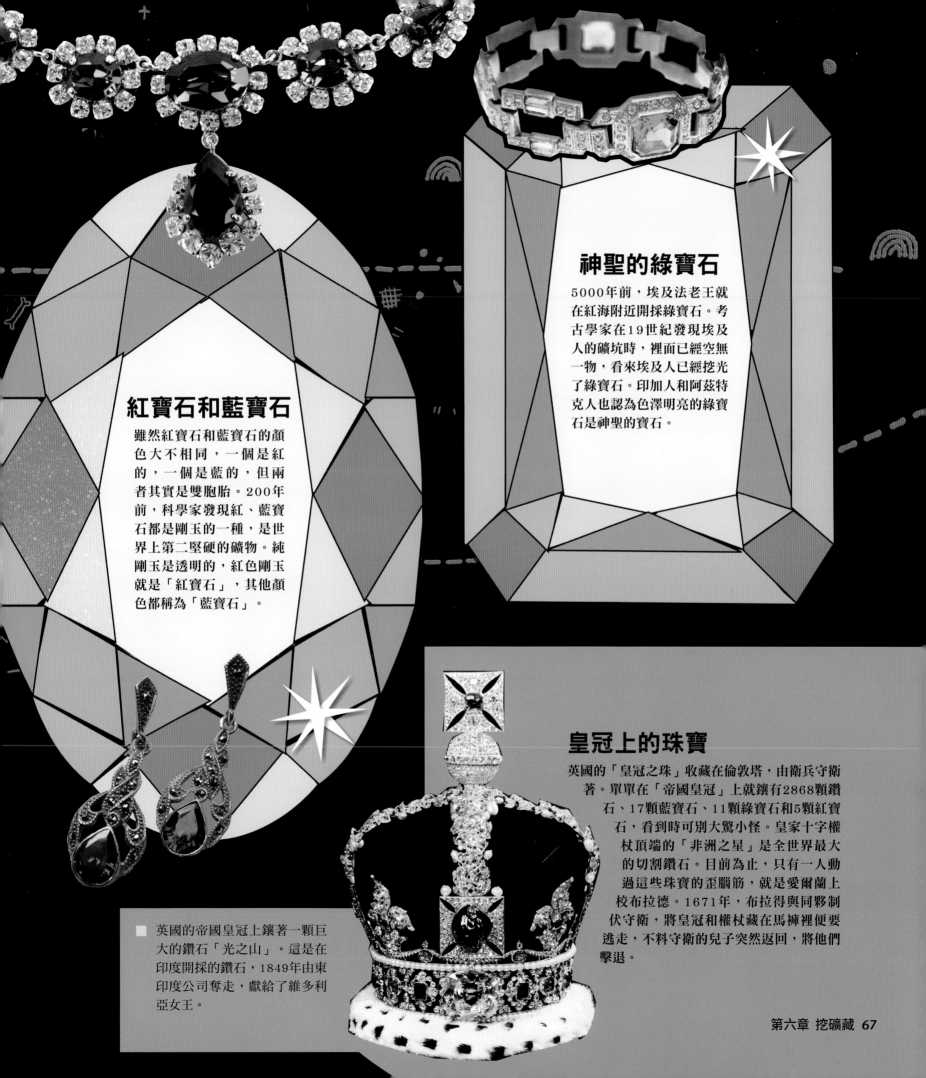

紅寶石和藍寶石

雖然紅寶石和藍寶石的顏色大不相同，一個是紅的，一個是藍的，但兩者其實是雙胞胎。200年前，科學家發現紅、藍寶石都是剛玉的一種，是世界上第二堅硬的礦物。純剛玉是透明的，紅色剛玉就是「紅寶石」，其他顏色都稱為「藍寶石」。

神聖的綠寶石

5000年前，埃及法老王就在紅海附近開採綠寶石。考古學家在19世紀發現埃及人的礦坑時，裡面已經空無一物，看來埃及人已經挖光了綠寶石。印加人和阿茲特克人也認為色澤明亮的綠寶石是神聖的寶石。

皇冠上的珠寶

英國的「皇冠之珠」收藏在倫敦塔，由衛兵守衛著。單單在「帝國皇冠」上就鑲有2868顆鑽石、17顆藍寶石、11顆綠寶石和5顆紅寶石，看到時可別大驚小怪。皇家十字權杖頂端的「非洲之星」是全世界最大的切割鑽石。目前為止，只有一人動過這些珠寶的歪腦筋，就是愛爾蘭上校布拉德。1671年，布拉得與同夥制伏守衛，將皇冠和權杖藏在馬褲裡便要逃走，不料守衛的兒子突然返回，將他們擊退。

■ 英國的帝國皇冠上鑲著一顆巨大的鑽石「光之山」。這是在印度開採的鑽石，1849年由東印度公司奪走，獻給了維多利亞女王。

礦災：拯救 33名礦工

鏡頭拍到我時，希望我的髮型沒亂。

礦工受困在地底69天，當第一個人活著被救上來的時候，智利舉國歡騰，而全世界也都盯著電視轉播。

在地底工作非常危險，地下隧道可能隨時崩塌，這時礦工會遭落石壓住，或在空氣稀薄的坑道中慘遭活埋。全世界發生最慘烈的礦災是1942年在中國一處煤礦區，當時有1549名礦工死亡。如今，智利是全世界最大的銅礦生產國。2010年8月5日星期四，在亞他加馬沙漠底下（地球最乾燥的地方之一），擁有121年歷史的聖荷西礦坑發生了礦災。當時礦坑崩塌，33名礦工受困在700公尺深的地底。落石引起厚重的灰塵雲，遮蔽了礦工的視線，六小時之後才散去。

攝影機經由孔洞傳送到地底，外界終於能夠看到礦工的情況。他們又髒又瘦，滿臉鬍碴。

是怎麼找到的？

1 礦坑坍塌，33名礦工受困在700公尺深的地底，受困的地方距離礦坑入口5公里遠，是在一條漫長、陡峭又彎彎曲曲的地下通道盡頭。

2 礦坑坍塌時，大家都以為沒有人存活下來，就算有人還沒死，也可能等不到救援就先餓死在地底。

3 但這33名礦工都活下來了。他們躲在礦坑的緊急避難處，那裡的食物可以維持兩天。工頭厄蘇亞分派工作給每個礦工，並負責分配食物。

4 地面上的救援人員總共往地下鑽八個孔洞。

5 礦災發生17天後，其中一個鑽孔機終於鑽到礦工藏身的隧道。礦工在鑽孔機的鑽頭上貼了一張字條，上面用大紅字寫著：「我們33人全都平安待在避難處。」

6 找到礦工的時候，礦工原本就不夠的食物配給也剛好用完了。救援人員將孔洞擴大，把葡萄糖飲料、食物、信件和禮物送給每一位礦工。

救援競賽

現在，礦工都找到了，也都還活著，接下來要怎麼救援？智利政府聽取了世界各地的意見，還有許多礦業專家也都來到礦區提供幫助。待在礦區的家屬原本在車上過夜，後來搭起了「希望營」，還蓋了廚房、浴室甚至學校。

8月30日

救援人員不知道哪種方法有效，決定先鑽三個不同的孔洞。

9月24日

礦工已經在地底待了50天，而且全都還活著，創下世界紀錄。

10月9日

第二個孔洞鑽到礦工受困的位置，他們按計畫把通訊孔洞從14公分擴寬到71公分。

10月12日

救援人員將鳳凰號逃生艙送進礦坑，花了18分鐘才抵達礦工的位置，並將第一位礦工慢慢拉到地面。

還不錯，我減重成功了。

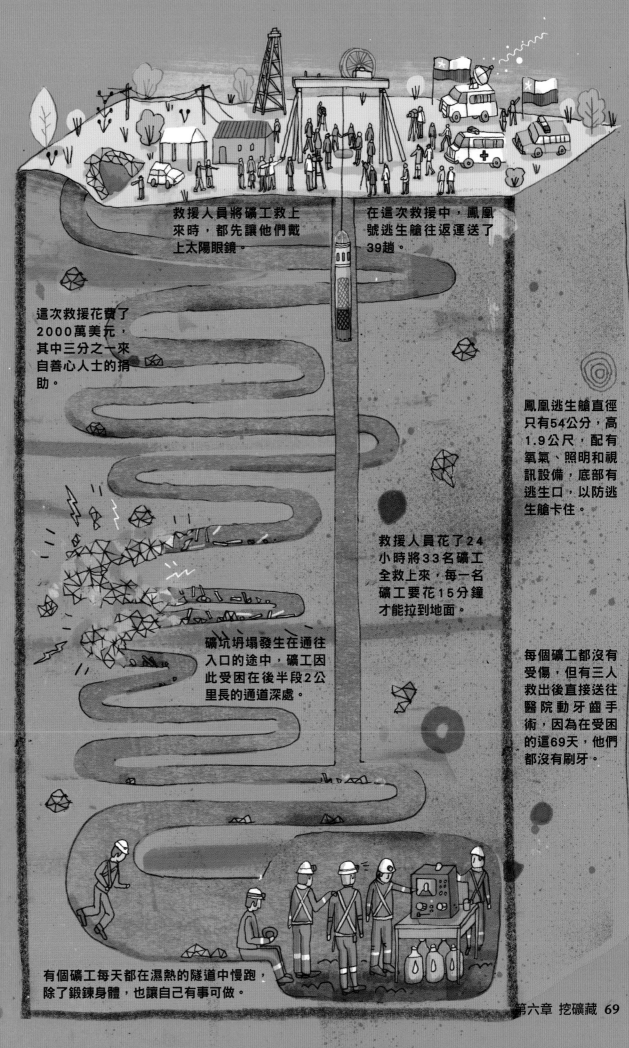

救援人員將礦工救上來時，都先讓他們戴上太陽眼鏡。

在這次救援中，鳳凰號逃生艙往返運送了39趟。

這次救援花費了2000萬美元，其中三分之一來自善心人士的捐助。

鳳凰逃生艙直徑只有54公分，高1.9公尺，配有氧氣、照明和視訊設備，底部有逃生口，以防逃生艙卡住。

救援人員花了24小時將33名礦工全救上來，每一名礦工要花15分鐘才能拉到地面。

礦坑坍塌發生在通往入口的途中，礦工因此受困在後半段2公里長的通道深處。

每個礦工都沒有受傷，但有三人救出後直接送往醫院動牙齒手術，因為在受困的這69天，他們都沒有刷牙。

有個礦工每天都在濕熱的隧道中慢跑，除了鍛鍊身體，也讓自己有事可做。

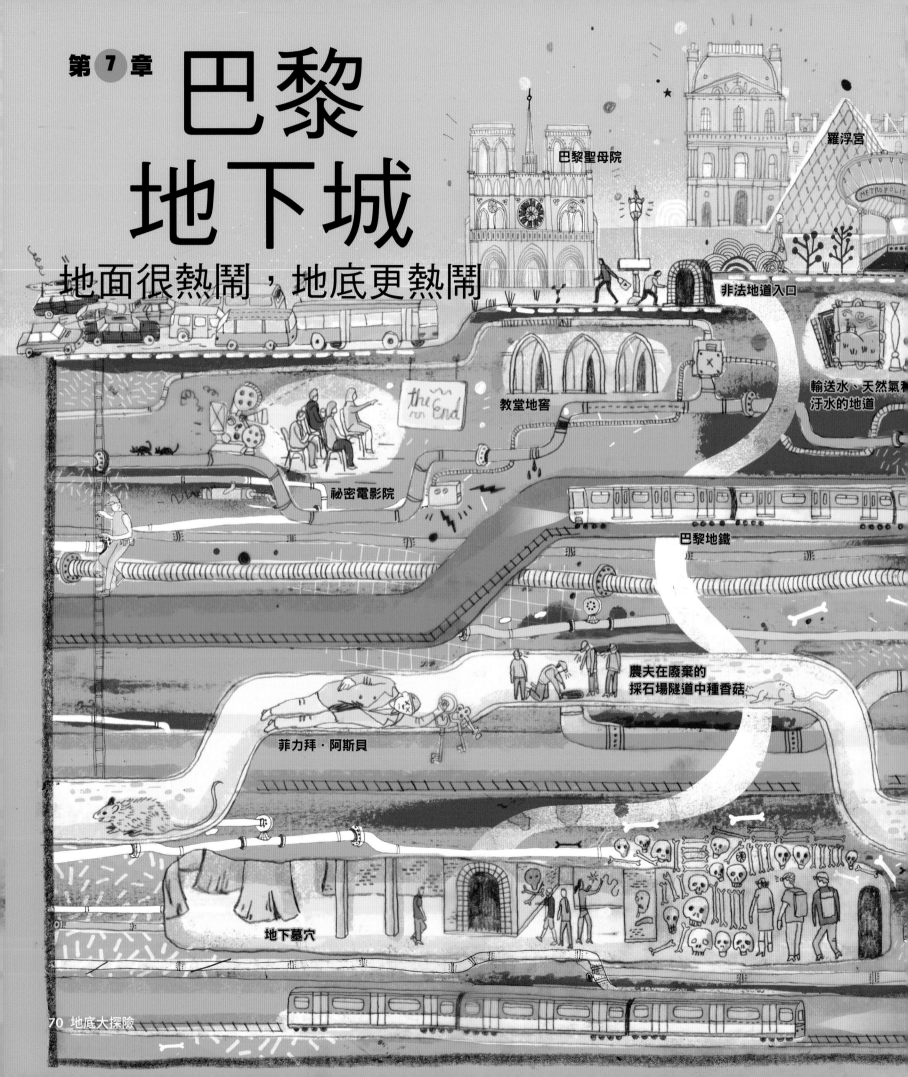

第 7 章

巴黎地下城

地面很熱鬧，地底更熱鬧

巴黎聖母院

羅浮宮

非法地道入口

輸送水、天然氣和汙水的地道

教堂地窖

祕密電影院

巴黎地鐵

農夫在廢棄的採石場隧道中種香菇

菲力拜・阿斯貝

地下墓穴

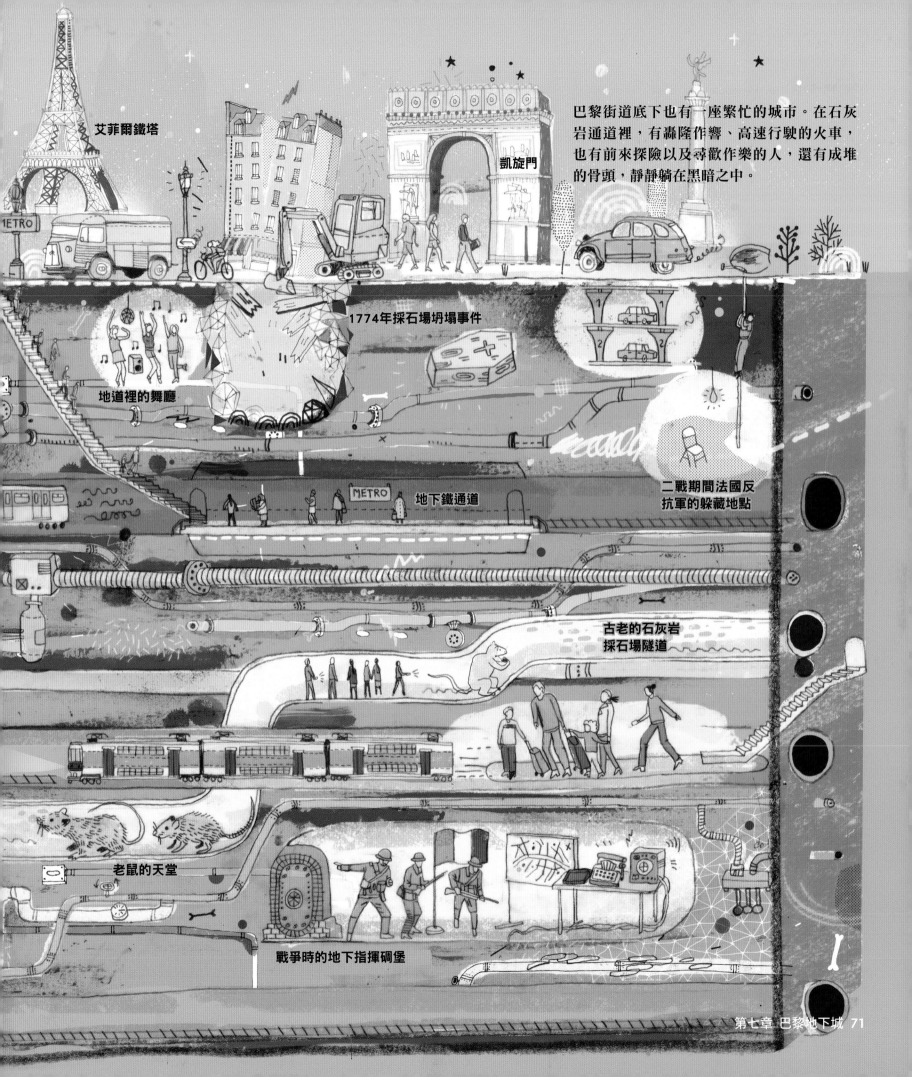

艾菲爾鐵塔

凱旋門

巴黎街道底下也有一座繁忙的城市。在石灰岩通道裡，有轟隆作響、高速行駛的火車，也有前來探險以及尋歡作樂的人，還有成堆的骨頭，靜靜躺在黑暗之中。

1774年採石場坍塌事件

地道裡的舞廳

二戰期間法國反抗軍的躲藏地點

地下鐵通道

古老的石灰岩採石場隧道

老鼠的天堂

戰爭時的地下指揮碉堡

隱藏的世界

巴黎有個暱稱，叫做「光輝城市」。不過，巴黎的地下城很暗，伸手不見五指。巴黎地底的通道長320公里，你可以在這裡看到數百年來的歷史（假如你的手電筒夠強的話）。巴黎地底採石場遍布，是世界上最大的迷宮之一。原本的運河、下水道、地下墓室、金庫、監獄、地下碉堡以及酒窖，都已經改建成夜店，甚至還有一間隱密的地下電影院。全巴黎市都有祕密出入口通往這些地底通道，不過其中不少入口已經用磚頭封死了。

這什麼味道？

你從馬桶沖掉的汙水，統統都流到下水道。巴黎的第一座下水道是在1370年建成的，那時連馬桶都還沒發明出來，下水道應該非常簡陋。

1793年，地下墓穴探險者菲力拜·阿斯貝消失在地底通道。11年後，人們在某個地道門口附近幾公尺，發現了他的遺體。他的骨骸手上仍握著一串鑰匙，看來他是在黑暗中找不到門。

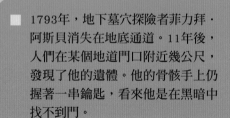

石頭通道

這些通道是用什麼建造的？巴黎城最早是用地底開採出來的岩石打造出來的，羅浮宮和聖母院就是用城市底下的石灰岩建造的。這些通道也作為地下金庫與監獄之用，因此至今還配有警力。

蜂窩狀的巴士底監獄

巴黎的監獄和地牢舉世聞名，其中又以巴士底監獄最為有名。法國大革命就從這裡開始，而這裡也是蜂窩狀祕密地牢的發源地。地牢只有一個入口，就位在牆上高處。囚犯以繩索垂降進去，食物和水也是用同樣方式送入，但前提是有人記得囚犯還在裡面。

■ 1984年，巴黎下水道工人發現了某樣既神奇又可怕的東西：一隻尼羅鱷，不知怎麼地跑進2000公里長的下水道。牠靠著老鼠和城市垃圾維生，而且似乎還過得很舒服。

■ 法國大革命時，巴士底下方的地牢非常骯髒，到處都是老鼠，甚至無法用來關犯人。

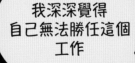

我深深覺得自己無法勝任這個工作

有些通道設有路標，就跟地面街道的路標一樣，不過大部分路標是地圖上找不到的，在黑暗中也很容易迷路。自1955年以來，沒有導遊帶領就自行進入地下通道是違法的。

■ 對一般人來說，許多通道不是太低就是太窄，難以進入，有些通道還有積水，而且會很臭。

ENTRÉE DES CATACOMBES

1 丹費爾‧羅什洛廣場：地下墓穴的入口。

滿到爆炸

1780年，巴黎的公墓已經客滿，公墓有片牆壁甚至還破裂爆開，骨骸都噴了出來，散落在一家擠滿了人的餐廳。同時，城市底下的舊採石場隧道也開始坍塌。嗯，也許這兩個問題可以一起解決？於是，一個世紀後，巴黎地下墓穴成了陰森恐怖的觀光景點。

巴黎的 地下墓穴

5 十字形石碑

6 轉角處的走廊拓寬後變成教堂，也就是地下小禮拜堂，設有祭壇，看起來像古墓。

地下墓穴埋有六百多萬巴黎人的骸骨，全部都堆放在長達780公尺的恐怖地下走廊「藏骨堂」中。一開始人們只是單純把骨骸扔進去，不久巴黎人開始裝飾這條走廊，不過，不是用油漆粉刷，也不是用花束裝飾，而是將頭骨和長形人骨排得整整齊齊。

7 這盞墓燈是地下墓穴中最古老的人工製品，看起來像大碗，採石匠可在裡面隨時點燃燈火。燈火除了可以照明，燃燒產生的熱氣也可以讓空氣稍微流動，讓通風不良的通道透透氣。

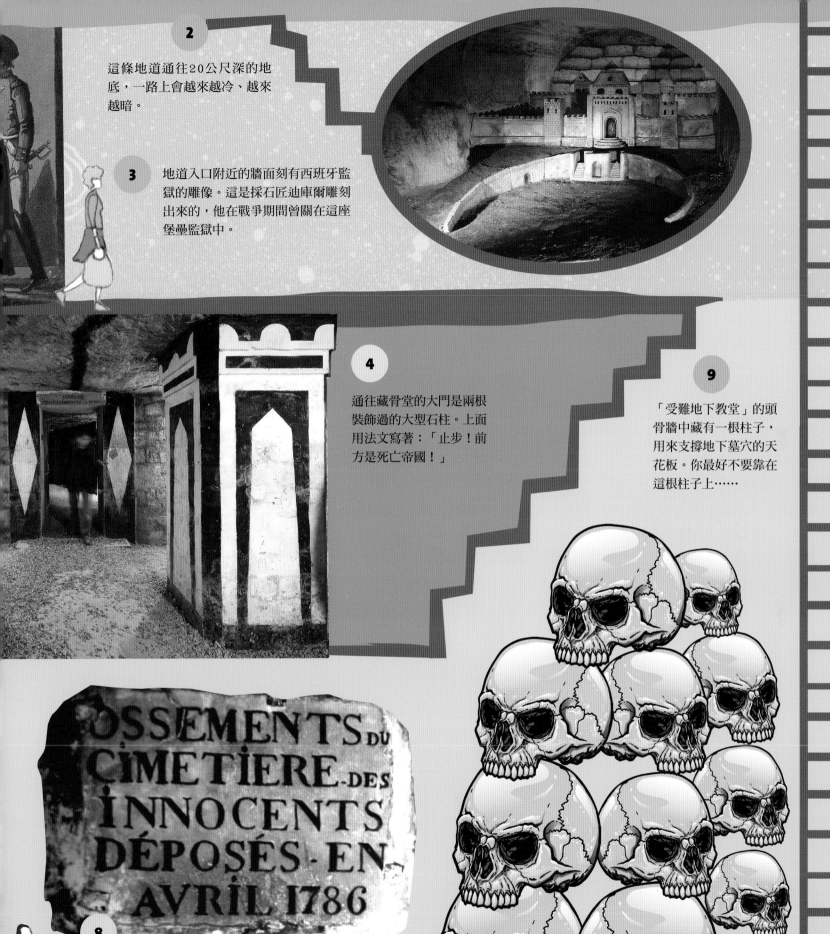

2

這條地道通往20公尺深的地底，一路上會越來越冷、越來越暗。

3

地道入口附近的牆面刻有西班牙監獄的雕像。這是採石匠迪庫爾雕刻出來的，他在戰爭期間曾關在這座堡壘監獄中。

4

通往藏骨堂的大門是兩根裝飾過的大型石柱。上面用法文寫著：「止步！前方是死亡帝國！」

9

「受難地下教堂」的頭骨牆中藏有一根柱子，用來支撐地下墓穴的天花板。你最好不要靠在這根柱子上⋯⋯

OSSEMENTS DU CIMETIÈRE-DES INNOCENTS DÉPOSÉS-EN AVRIL 1786

8

這塊特殊的標誌上面寫著，此為巴黎最大公墓「聖嬰墓地」。巴黎市的第一批骨骸就堆放在這裡，而且是從1786年開始堆放的。

巴黎地鐵

在繁忙的巴黎街道底下，地鐵系統每天要載450萬人。列車進出地鐵站，就在行人腳底下穿梭，而且距離並沒有非常遠：有許多路線是直接從路面往下挖，之後再回填恢復路面。巴黎地鐵是歐洲第二繁忙的地鐵系統，僅次於莫斯科。第一條路線在1900年7月19日開通，是全世界歷史第二悠久的鐵路，僅次於倫敦。

由於巴黎地鐵有許多路線是沿著街道挖掘，因此地鐵圖看起來就很像巴黎街道圖。1號線就是沿著筆直的香榭大道鋪設。

嗯，上面是「光城」，下面是「暗城」，酷！

城市標誌

巴黎地鐵大多是在20世紀初期興建，並以當時風靡一時的新藝術運動的風格裝飾。當時的藝術家喜歡運用彩色玻璃和漩渦狀的鐵件飾品，讓作品看起來珠光寶氣。這些裝飾過的地鐵路標便成了巴黎的標誌。

與其在地底挖隧道，巴黎地鐵運用了更快速的「明挖覆蓋法」。工人拿著工具沿著現有的街道往地底開挖，在地底建造鐵路線，然後再回填路面。

阿貝思站是巴黎最深的地鐵站，車站入口新藝術風格的階梯和玻璃天棚是由建築師吉馬赫所設計，他在1899年贏得地鐵站入口的設計競賽。

鬧鬼的地鐵站

巴黎有部分地鐵站因為長年不對外開放，已經變成了「鬼站」。法國在1939年9月加入第二次世界大戰時，為了節省經費和人事成本，關閉了許多地鐵站，從此之後不再開放。最有名的鬼站是聖馬丁站，鐵路上面覆蓋著水泥，月台上蜜蜂成群飛舞。另外兩座地鐵站，摩列圖門站和亞佐站，在建造完成後則從未啟用。不過，兩座地鐵都還在那裡，就在城市底下，卻無法從地面進入。多詭異啊！

巴黎對於美化地下鐵道十分用心。巴士底站的壁面有一整排繪畫，呈現出巴黎的歷史。其他地鐵站則像是迷你藝廊，還有一座地鐵站在牆壁上畫了大量填字遊戲。

無法從街道直接進入的亞佐站，現在常常作為電影拍攝的場景

第 8 章 **東京地下城** 來自深處的危機

Mode學園蟲繭大廈

東京鐵塔

正門石橋

防震建築

防災日

共同管道

「地下神殿」
（首都圏外郭放水路）

東京地鐵

東京是全世界人口最密集的城市，卻位在全地球最危險的地殼上。這座現代城市必須隨時做好準備，來自地底的危機隨時會爆發。

東京晴空塔

富士山

購物中心

富士山底下的熔岩庫

地底農場

東京

大江戶地鐵線環狀繞行東京市

地殼板塊碰撞

岩漿

巨大城市的崩壞

東京市的人口密度世界第一，地理位置的危險程度也是世界第一。日本列島的下面，就是三塊互相摩擦碰撞的主要地殼板塊。而日本之所以經常地震，就是因為這些板塊不斷地緩慢運動。日本的地震和天災威脅接連不斷，也因此日本人成了世界上最勇於面對危機的一群人。

對富士山的恐懼

日本有67座活火山，其中富士山最有名，也是最高的層狀火山，從東京就可以看到。富士山上次爆發是在1707年，據說下次爆發時，日本可能會就此消失。幸好富士山目前沒有動靜，但是科學家已經在富士山設置好預警系統。

火山帶

只要有板塊交界的地方，通常就有火山。圍繞太平洋的馬蹄形「危險地帶」，稱為環太平洋火山帶。日本的位置正好在環太平洋火山帶上。

■ 1995年，神戶的地震毀掉了全市一半的建築物。

城市天際線

在東京很難找到老舊建築。東京有許多神奇的未來風格塔樓，老舊的塔樓建築已在1923年9月1日的關東大地震中震毀。據說有14萬人死於這場地震，日本建造房屋的方式也從此改變。

不是衝浪用

海嘯跟衝浪的那種海浪不同。衝浪的海浪只是海面掀起的弧狀波浪，然後打在沙灘上，海嘯則而是由海底地震或岩漿噴發引起的巨大海浪，移動迅速，威力強大。

■ 這幅《神奈川沖浪裏》（神奈川海邊的驚濤駭浪）是在1830年繪製，背景可以看到富士山。

Tokyo

日本在2011年發生的311大地震，規模高達芮氏9級，引發的海嘯波高達7公尺，日本沿海地區2100公里的城鎮全都淹沒。

■ 請靠左行駛！這條道路因為地震出現一道筆直的裂縫，正好位於路中央的雙黃線上。

■ 學生正在做地震防災演習。

災難一定要多加演練啊……
日本最自豪的，就是能為任何事情做好準備。每年9月1日是防災日。在這天，學校的第一堂課是進行疏散演習，就連一般上班族甚至首相也都要參加。

你感覺到了嗎？
地震儀能測出地面的震動。1934年，芮克特發明了一種單位，用以標定與比較地震的規模（現稱為芮氏規模）。目前規模最大的地震紀錄乃1960年發生於智利的地震，為芮氏規模9.5。

壯闊的地下神殿

這看起來很像21世紀的神殿，但其實不是。只是這裡的天花板非常高，還有一根根粗大的柱子，因此看起來很像神殿。這是東京的「調壓室」，而且是全世界最大的人造地下洞穴之一。東京在雨季來臨時，街道上的雨水會先流入10公尺寬的排水道，再流進調壓室，接著調壓室會抽出雨水，排入江戶川，以防止城市淹水。

科幻城市

許多城市都有古老的地下通道和隧道，但是當你步入東京的地底世界，卻像是進入《星際大戰》的電影場景。四通八達的通道形成一片網絡，可通往重要的政府大樓，以及一座收藏1200萬冊圖書的地下圖書館。

壯觀的共同管道

經過狹窄的螺旋階梯，來到深入東京地底的巨大豎井。20公尺寬的水泥豎井深達40公尺，然後通往一條隧道，隧道裡有電纜、電話線、瓦斯和汙水管道。這條隧道就是「共同管道」，用來保護電纜和輸送管，以免在地震中受損。

 地下通道的照明設備不是星星，而是安裝在天花板的螢光燈。

購物天堂

東京的地鐵站不只是列車的停靠站。你可以在這座城市的地下世界逛街購物、享受美食、工作，假如你願意的話，還可以在這裡生活。第一條地鐵線是在1927年建造，現在搭乘東京地鐵的人數已經是世界之冠。地鐵站設有購物中心，地下街還能通往其他地鐵站。

噓……
我想我聽到了
雨聲。

■ 新宿站是全世界最繁忙的車站。

■ 東京有些地鐵站深達48公尺，並設有倉庫，裡面儲存了糧食和寢具，萬一發生地震或核武戰爭等天災人禍，可以當作避難所。

地下農場

東京的人口密度是世界最高的。城市裡蓋滿了建築和街道，沒有多餘的土地保留給農場。於是在2005年，聰明的日本人創造了地下農場「Pasona O2」。他們在市中心底下一座廢棄銀行的金庫中耕種農作物，占地約1000平方公尺。

也無風雨也無晴

這座地下農場位於27層大樓的地底，裡面種植了100種水果和蔬菜，就連陽光和雨水也休想進來。這裡的溫度和特殊燈光都是由電腦控制（共有六個房間，每個房間的燈光都不同）。牆壁上的銀箔散發出自然的螢光燈。這座農場的農產品產量太少，種植的糧食和花卉並不會拿來販賣。這個農場是教學用，拿來培訓想成為農夫的日本年輕人。

在採收之前，想看一下太陽，就一眼也好。

1

1號房間是花田。這座農場是對外開放的，東京上班族也可以下來這裡，在花田間漫步。

2

2號房間的香料植物是在金屬聚光燈的照射下生長的。

■ 稻米採收時，日本政治和經濟界的重要人物都會下來這裡慶祝。

3

3號房間是種植水稻的地下梯田，一年採收三次。

4

4號房間種的是水果和蔬菜。番茄用「水耕法」，也就是只用水與一點點營養液來栽種。

5

5號房間種的是蔬菜。有綠花椰、豆芽和高麗菜耶，好棒！

6

6號房間是秧苗室。生菜幼苗在螢光燈的照射下生長。

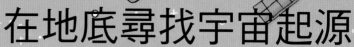

第9章 科技隧道
在地底尋找宇宙起源

大型強子對撞機

祕密潛艇基地

政府的
大型地下碉堡

在地底工作的科學家

英國的伯靈頓
地下碉堡

蘇聯的祕密地下碉堡

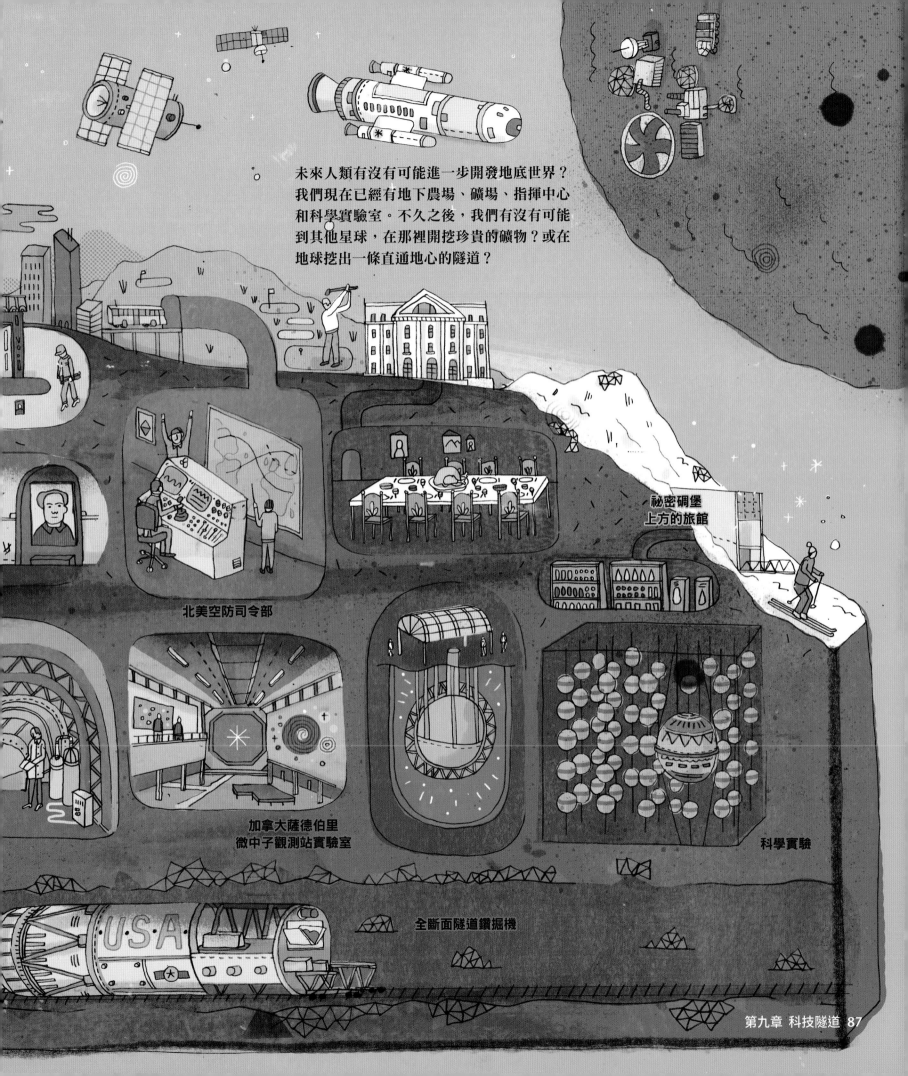

未來人類有沒有可能進一步開發地底世界？
我們現在已經有地下農場、礦場、指揮中心
和科學實驗室。不久之後，我們有沒有可能
到其他星球，在那裡開挖珍貴的礦物？或在
地球挖出一條直通地心的隧道？

祕密碉堡
上方的旅館

北美空防司令部

加拿大薩德伯里
微中子觀測站實驗室

科學實驗

USA

全斷面隧道鑽掘機

深度科學

科學家為什麼要在地底尋找來自宇宙其他地方的訊號？物理學家在做實驗時，必須保持絕對的安靜，把圍繞在地殼周遭的噪音、光線和訊息干擾都隔離掉。科學家使用的能量偵測器是非常敏感的，不斷落在地球表面的宇宙射線可能會干擾偵測結果。所以科學家必須在地底工作。

位置：在法國和瑞士交界處的下方

深度：100公尺

實驗：重建宇宙大霹靂的條件以及宇宙誕生的過程

在寂靜的地面上，傳來細微的牛鈴聲、下雪聲、布穀鳥鐘的滴答聲。不過，在瑞士邊境下方，科學家花了25年時間建造一部全世界最大的機器：大型強子對撞機。這部機器在2008年啟動時，大家都擔心會製造出黑洞，摧毀整個地球。幸好這件事沒有發生。

蘇旦地底實驗室

位置：美國明尼蘇達州

深度：710公尺

實驗：原子會衰退嗎？為什麼要關心這件事？我們應該要關心，因為如果原子會衰退，就算是要等到好幾百萬個百萬年以後，都表示宇宙的歲數就這麼長。

■ 蘇旦實驗室是由一座老舊鐵礦場改建的。

格蘭沙索國家實驗室

■ 格蘭沙索國家實驗室曾經是世界最大型的地下實驗室。

位置：在義大利巨石峰下10公里長的公路隧道旁開挖出來

深度：1400公尺

實驗：微中子移動的速度會比光速快嗎？如果宇宙是從大霹靂開始，那會以大崩墜結束嗎？

■ 南極的「冰塊望遠鏡」是用來搜尋「微中子」這種微粒。

物理學希望能知道宇宙是如何誕生的，又會如何結束。

大型強子對撞機

這條隧道長27公里，是「全世界最冷的地方」

這部全世界最大型的機器，正在尋找全宇宙最細小的粒子——有「上帝粒子」之稱的希格斯玻色子。數十億個粒子在機器中高速互撞，科學家再把發生過程精確記錄下來。

科學家發現宇宙少了某樣東西，但不知道那是什麼，於是他們稱這樣東西為「暗物質」，目前仍在嘗試證明這樣東西是否存在。

神岡觀測實驗室
（超級神岡）

位置：日本神岡町

深度：1公里

實驗：在一個充滿超級純水的大型水缸內，在完全黑暗中用電子探測器觀察微粒碰撞。

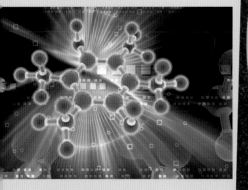

神岡科學家已經證明微中子確實有「質量」。

加拿大薩德伯里
微中子觀測站 (薩實驗室)

薩德伯里微中子觀測站是在舊礦場裡設置的無塵實驗室。

位置：加拿大薩德伯里

深度：2公里

實驗：在超新星和太陽核心中找出更多有關微中子的資訊。

巴克桑
微中子觀測站 (BNO)

位置：俄羅斯巴克桑峽谷一處廢棄礦場底下

深度：3.5公里

實驗：星球是怎麼誕生的？又是怎麼結束的？研究宇宙中的微中子輻射，探索宇宙和太陽是怎麼誕生的，又會怎麼結束。

地底的核子

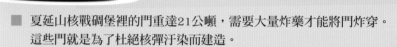

那麼，假如第三次世界大戰開打，核子導彈發射，你能逃去哪裡？世界上有權有勢的人都已經規劃好緊急逃亡計畫了，但是沒有把你列入（除非你是總理，只是無聊在讀這本書）。許多國家早已建好祕密地下大碉堡，不管地面上發生什麼災難，都能確保領導人的安全。

夏延山核戰碉堡裡的門重達21公噸，需要大量炸藥才能將門炸穿。這些門就是為了杜絕核彈汙染而建造。

沉悶的地下碉堡

英國伯靈頓地下碉堡看起來很像古老的寄宿學校，因為這原本是為4000名政府官員建造的，萬一遭到核武攻擊，可以讓他們居住。這座巨大的碉堡位在30公尺深的地下，不僅防爆，也防輻射。

伯靈頓地下碉堡從1980年代起就已經廢棄了。

地下城

中國北京的地下城是在1970年代建造，整個隧道網絡總長有30公里。當時北京的大人和小孩都被迫去挖這個戰爭避難所，而且大部分是徒手挖掘。

莫斯科祕密地鐵（地鐵二號）

莫斯科地底下有一條祕密鐵路系統，是在史達林時代建造的。這條鐵路的規模應該比現存的莫斯科地鐵還要大（莫斯科地鐵已經很大了！），祕密地鐵的隧道長25公里，萬一發生戰爭，可以將蘇聯領導人送到郊外。

多年來，俄國政府一直否認有地鐵二號，但有探險家在1994年發現這條祕密地鐵。

塔甘斯基

俄國塔甘斯基指揮中心是一座大型地下碉堡，面積7000平方公尺，位在莫斯科中心地底65公尺處。入口是一棟外觀無趣的建築物，進去後會看到一道巨型水泥門，以及22段往下延伸的階梯。

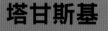

假如冷戰演變成真正的戰爭，莫斯科的地下碉堡就可以用來保護5000名重要人物的性命。

夏延山

位在美國科羅拉多州的夏延山作戰中心，原本是應該要保密的，但現在已經變得舉世聞名。這座地下碉堡是1961年建造，從一座花崗岩山往地下挖600公尺。美國軍方在這裡探查和追蹤世界各地發射的導彈，尤其是可能朝美國發射的導彈。進入碉堡要穿越1.5公里長的隧道，以及一道厚重的防爆門。

■ 北美空防司令部在夏延山深處保衛美國和加拿大的上空。

■ 每年聖誕夜，聖誕老人會從北極出發，到世界各地為孩童發放禮物。這時北美空防司令部會暫時放下日常工作，開始追蹤聖誕老人的路線。

你也想住在這裡嗎？

不是所有的地下碉堡都位在大城市附近。1958年，美國政府允許豪華的綠薔薇旅館建造一棟全新的側翼，地點就在西維吉尼亞州一處安靜的小鎮，交換條件是，旅館也得讓政府在旅館下方祕密建造一座大型地下碉堡，代號是「希臘島計畫」。若是發生毀滅性的核武事件，這裡可以住進1100名政府官員。

■ 旅館底下的祕密會議室。

■ 這座潛艇基地已經在1993年棄置。

巴拉克拉法

這座祕密潛艇基地藏在蘇聯最隱密的城鎮之一巴拉克拉法，是為了躲避原子彈攻擊而建造的。整座城鎮的人都在潛艇基地工作，就算是親近的家人，若是沒有公務上的理由，也不能來巴拉克拉法探望。

火星上有生命嗎？

假如地球上的黃金、石油、寶石都挖光了，或者我們把地球搞得一團糟，再也種不出糧食，我們有可能搬到其他星球居住，並在那裡挖礦物嗎？火星不知道合不合適？

假如火星上曾經有水，那麼幾百萬年前是否有生命存在？

火星岩石中含有豐富的鐵、金和銀礦

或許可以在這裡開採出珍貴的礦物，然後運回地球

將採礦機器從地球運到火星

我們現在已經不需要用鏟子挖隧道了，只要啟動巨大的隧道鑽掘機，上面的鋼刀呼呼作響，就可以碾碎岩石。

目的地是火星？

會不會有一天，我們把地球弄得一團糟，必須另外找星球移居？或是會不會有一天，我們想在放假時到其他星球探個險？火星上如果真的有生命存在（而且看來可能性似乎越來越大），或許會是我們最好的選擇。不過，說實在的，火星的大氣層不適合人類生存，住到地底應該會是比較明智的選擇。幸好，新開發的隧道鑽掘機可以幫忙打造出地下城，科學家也已經開始思考如何防護我們未來的糧食了。

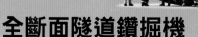

全斷面隧道鑽掘機

工程師正在開發全斷面隧道鑽掘機，這種機器不是用挖的方式來開道，而是利用熱能並向前推進的方式開挖隧道。未來以核能為動力的鑽掘機可能會一邊融化花崗岩，一邊前進，通道的牆壁也會因為融化的花崗岩而變得光滑無比。到那時候，我們甚至可以建造出一整座地下城。

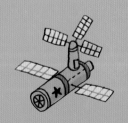

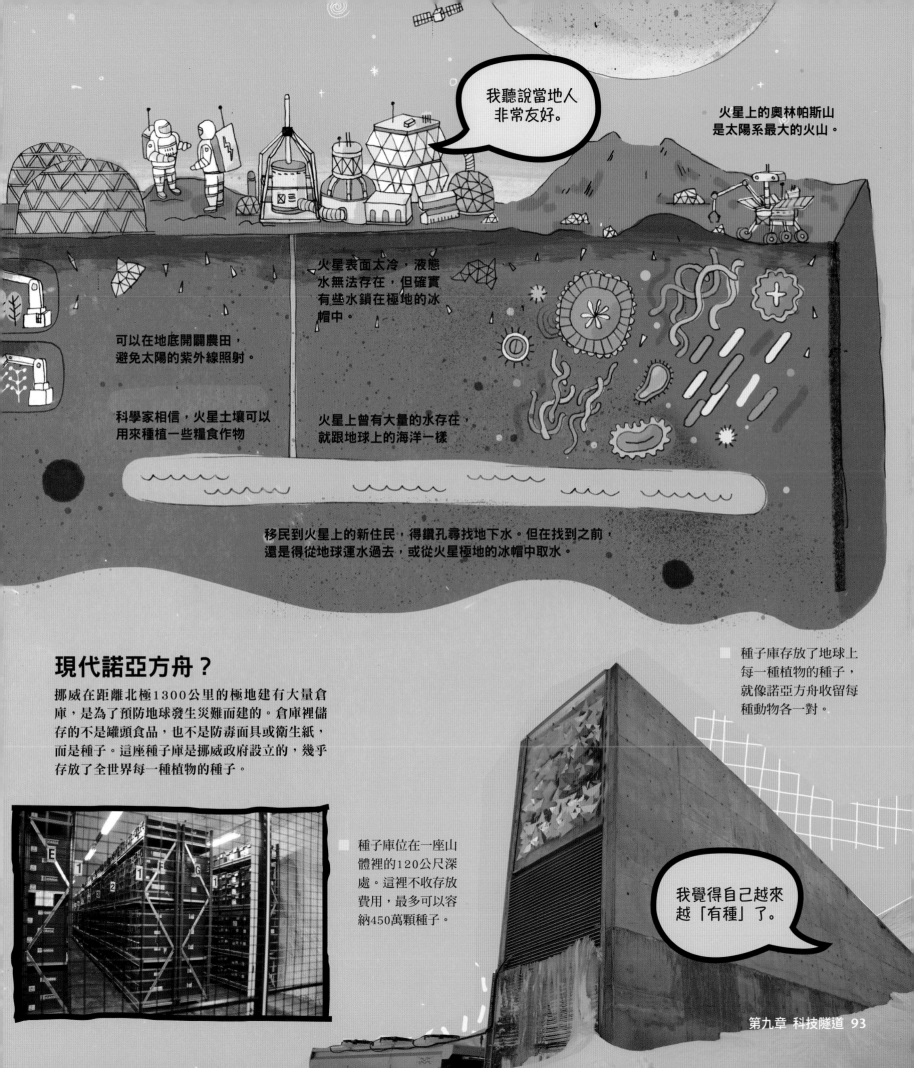

我聽說當地人非常友好。

火星上的奧林帕斯山是太陽系最大的火山。

火星表面太冷，液態水無法存在，但確實有些水鎖在極地的冰帽中。

可以在地底開闢農田，避免太陽的紫外線照射。

科學家相信，火星土壤可以用來種植一些糧食作物

火星上曾有大量的水存在，就跟地球上的海洋一樣

移民到火星上的新住民，得鑽孔尋找地下水。但在找到之前，還是得從地球運水過去，或從火星極地的冰帽中取水。

現代諾亞方舟？

挪威在距離北極1300公里的極地建有大量倉庫，是為了預防地球發生災難而建的。倉庫裡儲存的不是罐頭食品，也不是防毒面具或衛生紙，而是種子。這座種子庫是挪威政府設立的，幾乎存放了全世界每一種植物的種子。

種子庫存放了地球上每一種植物的種子，就像諾亞方舟收留每種動物各一對。

種子庫位在一座山體裡的120公尺深處。這裡不收存放費用，最多可以容納450萬顆種子。

我覺得自己越來越「有種」了。

中英名詞對照表

第 1 章

內核 inner core
火成岩 igneous rock
外核 outer core
地函 mantle
克拉卡托火山 Krakatoa
沉積岩 sedimentary rock
岩漿庫 magma chamber
花崗岩 granite
浮石 pumice
高壓凝結 pressure freezing
偷蛋龍 oviraptor
菊石 ammonite fossil
雲氣 gas cloud
熔岩 lava
維蘇威火山 Mount Vesuvius
霍格華茲龍王龍 Dracorex hogwartsia
龐貝城 Pompeii
變質岩 metamorphic rock

第 2 章

三水路洞穴 Sistema Ox Bel Ha
大房間 Big Room
水晶少女 Crystal Maiden
水晶墓洞穴 Actun Tunichel Muknal
卡帕多細亞 Cappadocia
卡爾斯巴德洞窟 Carlsbad Caverns
石灰石 limestone
石筍 stalagmite
伏流 sinking stream
吉姆·懷特 Jim White
艾斯里森維爾冰洞 Eisriesenwelt
克拉斯諾赫斯卡洞穴 Krasnohorska Cave
克韋爾克火山脈 Kverkfjoll
拉斯科洞窟 Lascaux cave
直穴 shaft
阿佛納斯火山湖 Lake Avernus
洞穴灰華（洞穴堆積物）speleothem
洞穴學家 speleologist

砂勞越洞窟 Sarawak Chamber
原始牛 auroch
庫納洞穴 Cave of Cunae
庫魯伯亞拉洞穴 Krubera Cave
海克拉火山口 Hekla volcano
馬吉里斯爾金洞穴 Majlis al Jinn
乾洞 dry cave
猛獁洞穴 Mammoth Cave
提貝里烏斯 Tiberius
晶穴 crystal cave
滲穴 sink hole
管狀鐘乳石 straw stalactite
精靈煙囪 fairy chimney
蒙提涅克 Montignac
濕洞 wet cave
藍洞 Blue Grotto
雙眼天然井 Cenote Dos Ojos
鐘乳石 stalactite

第 3 章

穴居蛇類 cave snake
冬眠 hibernate
犰狳 armadillo
甲蟲 beetle
白蟻 termites
休眠 dormant
全穴居生物 troglobite
回聲定位法 echolocation
好穴居生物 troglophile
吸血蝙蝠 vampire bats
束帶蛇 garter snake
兔子 rabbit
松鼠 squirrel
狐狸 fox
狐獴 meerkat
盲眼希特勒 Anophthalmus hitleri
盲眼螯蝦 blind crayfish
洞穴蜘蛛 cave spider
洞螈 olm
烏龜 tortoise
草原犬鼠 prairie dog

偶穴居生物 trogloxene
蚯蚓 earthworms
袋熊 wombat
麥哲倫企鵝 Magellanic penguin
蜈蚣 centipede
睡鼠 dormouse
裸隱鼠 naked mole rat
蝙蝠 bat
蟬 cicada
蠍子 scorpion

第 4 章

亡靈節 Dia de los Muertos
土庫曼 Turkmenistan
小型陶俑 shawabtis
卡納馮勛爵 Lord Carnarvon
拉美西斯 Ramesses
拉美西斯五世 Ramesses V
拉美西斯六世 Ramesses VI
帝王谷 Valley of the Kings
烏法 Wuffa
盎格魯撒克遜 Anglo-Saxon
塞提 Seti
奧西里斯 Osiris
萬壽菊 marigolds
解剖法 Anatomy Act
雷德沃爾德 Redwald
圖玉 Tuyu
圖坦卡門 Tutankhamun
霍華德·卡特 Howard Carter
薩頓胡 Sutton Hoo
薩福克郡 Suffolk
藍道申 Rendlesham

第 5 章

八片幣 pieces of eight
大夏寶藏 Bactrian Treasure
元首地堡 Führerbunker